I0041180

V

31955

ARITHMÉTIQUE

DES

ÉCOLES PRIMAIRES,

Par C. L. BERGERY,

Ancien élève de l'École Polytechnique, Professeur à l'École d'artillerie et à l'École normale de Metz, Membre correspondant de l'Institut et de plusieurs autres sociétés savantes.

HUITIÈME ÉDITION.

(Enseignement élémentaire.)

OUVRAGE APPROUVÉ PAR LE CONSEIL ROYAL.

METZ,

Mme THIEL, Éditeur, rue du Lancieu, n° 7.
VARION, Libraire, rue du Palais, n° 2.

PARIS,

HACHETTE, r. P.-Sarrazin, 12. | CHAMEROT, q d. Augustins, 33.

1845.

Toute contrefaçon sera poursuivie.

Seront réputés contrefaits, les exemplaires qui ne porteront pas la signature de l'Auteur.

Bergery

Le même, ARITHMÉTIQUE DES ÉCOLES PRIMAIRES, approuvée par le Conseil royal, huitième édition (*Enseignement supérieur*), contenant la couversion en mesures métriques des mesures anciennes et étrangères, ainsi que la théorie des proportions ; 1 vol. in-18, broché.................. 0,80ᶜ

Metz, Imp. de Cn. DIEU.

AVERTISSEMENT DE L'ÉDITEUR.

Cette huitième édition est entièrement conforme à la précédente. Elle a aussi été divisée en deux tirages.

Dans l'un, destiné à l'enseignement du premier degré, nous avons dû supprimer les anciennes mesures et tout ce qui s'y rapporte, puisque la loi en a proscrit l'usage, et que, par son arrêté du 22 octobre 1839, le Conseil royal défend d'employer les livres où ces mesures sont mentionnées.

Mais, comme les divisions non décimales de l'année, du mois, du jour, de l'heure et de la minute ne sont pas abolies, nous avons conservé la théorie des nombres complexes, en la simplifiant beaucoup, surtout pour la division, et en restreignant les applications aux seuls nombres qui expriment le temps.

L'autre tirage, destiné aux instituteurs, aux écoles normales, et aux écoles primaires supérieures, contient, conformément aux réglements du Conseil royal, d'abord tout ce que renferme le livre du premier degré, puis, sous forme d'appendices, la conversion des mesures soit anciennes, soit étrangères, en mesures métriques, et la théorie complète des proportions.

Aux mêmes adresses:

Autres ouvrages de M. C. L. BERGERY.

CALCUL SANS CHIFFRES, ou Introduction à l'A-rithmétique, destiné aux instituteurs et aux insti-tutrices, pour les guider dans l'enseignement des plus jeunes enfants, tant dans les salles d'asile que dans les écoles primaires; 1 vol. in-18, br.; 75 c.

PROBLÈMES, ou Exercices sur l'Arithmétique des écoles primaires; troisième édition, où les ancien-nes mesures sont supprimées:
Ire *Partie*: QUESTIONS (pour les élèves), in-18; 70 c.
IIe *Partie*: SOLUTIONS (pour les maîtres), in-18; 80 c.

COMPLÉMENTS DE CALCUL des écoles primaires, suite de l'Arithmétique des écoles primaires, con-tenant les notions usuelles de l'algèbre, les systèmes de numération, la réduction des fractions au moin-dre dénominateur commun et leur simplification par le plus grand commun diviseur, les fractions périodiques, les extractions de racine, les pro-gressions, les intérêts composés, les annuités, le calcul des chances, les logarithmes, les compléments arithmétiques et la *table des logarithmes des dix mille premiers nombres*, avec sept décimales et les différences; seconde édition, revue et augmentée, in-12;   2 f.
Cette seconde édition offre des améliorations no-tables.

GÉOMÉTRIE DES ÉCOLES PRIMAIRES, 4e édi-tion, corrigée, contenant l'emploi de l'*équerre d'arpenteur*, et débarrassée des anciennes me-sures; in-8° avec 5 planches;   2 f.

DESCRIPTION ET USAGE de l'*équerre à miroirs*, du *niveau à miroirs*, et du *voyant à coulisse*; brochure in-8' avec une planche;   60 c.

ARITHMÉTIQUE

DES

ÉCOLES PRIMAIRES.

PREMIÈRE LEÇON.

NUMÉRATION.

DEMANDE. Qu'est-ce que l'Arithmétique?

RÉPONSE. L'arithmétique est la science du calcul (*).

D. Sur quoi s'exerce le calcul?

R. Le calcul s'exerce sur des nombres?

D. Qu'est-ce qu'un nombre?

R. Un nombre est une collection ou somme d'unités.

D. Qu'est-ce que l'unité?

R. L'unité est une des choses que l'on compte.

EXEMPLES : Quand on compte des arbres, l'*arbre* est l'unité. S'il y a huit arbres, *huit* qui exprime combien on a compté d'arbres, est le nombre; ce nombre est une collection ou somme d'arbres.

Lorsque l'on compte des moutons, le *mou-*

(*) L'élève doit apprendre par cœur et savoir imperturbablement toutes les réponses imprimées avec ce gros caractère.

ton est l'unité, et s'il y a deux cents moutons, *deux cents* est le nombre (*).

D. Combien y a-t-il de sortes d'unités?

R. Il y a autant de sortes d'unités que de choses qui peuvent être comptées, puisque l'unité change, chaque fois que changent les choses auxquelles on applique le calcul.

D. Quels sont les noms des neuf premiers nombres?

R. Les noms des neuf premiers nombres sont *un, deux, trois, quatre, cinq, six, sept, huit, neuf.*

D. Que signifient ces noms?

R. Un est le nombre que donne l'unité considérée toute seule. Quand je dis : j'ai acheté *un* cheval, je considère seulement le cheval que j'ai acheté.

Deux est la somme de *un* ajouté à *un,* ou bien *deux* signifie *un* et *un.*

Trois signifie *deux* et *un,* ou bien *un, un* et *un.*

Quatre signifie *trois* et *un,* ou bien *un, un, un* et *un.*

Cinq vaut *un* de plus que *quatre; six, un* de plus que *cinq; sept, un* de plus que *six; huit, un* de plus que *sept; neuf, un* de plus que *huit.*

(*) Il suffit que l'élève lise attentivement et comprenne bien ce qui est imprimé avec ce petit caractère.

D. Comment représente-t-on les neuf premiers nombres, pour calculer?

R. Pour calculer, on représente les neuf premiers nombres par neuf caractères appelés chiffres.

Ces neuf caractères sont : 1, 2, 3,
un, deux, trois,

4, 5, 6, 7 8, 9.
quatre, cinq, six, sept, huit, neuf.

DEUXIÈME LEÇON.

D. Comment se nomme le nombre qui suit neuf?

R. Le nombre qui suit neuf, s'appèle *dix*.

On en fait aussi une autre espèce d'unité qu'on nomme *dixaine;* car on peut compter des dixaines de choses, comme on compte des unités.

EXEMPLES : Au lieu de dire *j'ai dix moutons,* je puis dire *j'ai une dixaine de moutons.* Si l'on a deux fois, trois fois dix moutons, on peut dire *j'ai deux dixaines, trois dixaines de moutons.*

D. Comment représente-t-on les neuf premiers nombres de dixaines ?

R. Les neuf premiers nombres de dixaines se représentent au moyen des chiffres qu'on emploie pour les neuf premiers nombres d'unités; mais afin de bien marquer, sans écrire le mot *dixaine,* que ces chiffres expriment des dixaines et non des unités

simples, on met un *zéro* à droite de chacun. Le zéro ressemble à la lettre *o*.

EXEMPLES : Ainsi, au lieu d'écrire : $1^{dixaine}$, $2^{dixaines}$, 3^{di}, 4^{di}, 5^{di}, 6^{di}, 7^{di}, 8^{di}, 9^{di}, on écrit : 10, 20, 30, 40, 50, 60, 70, 80, 90.

Le zéro mis à droite de chaque chiffre remplace le mot *dixaine*.

D. Quels sont les noms des neuf premiers nombres de dixaines, lorsque l'on compte par unités simples?

R. Lorsque l'on compte par unités simples et non par dixaines, une dixaine se nomme *dix*; 2 dixaines se nomment *vingt* (prononcez *vin*); 3 dixaines, *trente*; 4 dixaines, *quarante*; 5 dixaines, *cinquante*; 6 dixaines, *soixante*; 7 dixaines, *soixante-dix*; 8 dixaines, *quatre-vingts*; 9 dixaines, *quatre-vingt-dix*.

EXEMPLES: Si donc je prends pour unité la dixaine de pas, et que j'aie fait 5 fois dix pas, je dirai *j'ai fait 5 dixaines de pas*; tandis que si je prends le pas pour unité, je dirai *j'ai fait cinquante pas*. Ainsi le même nombre de pas s'exprime de deux manières différentes, selon l'unité adoptée.

D. Les nombres de dixaines ont-ils toujours porté les mêmes noms qu'aujourd'hui?

R. Autrefois on disait *septante* au lieu de soixante-dix; *octante* au lieu de quatre-vingts; *nonante* au lieu de quatre-vingt-dix,

et ces noms étaient analogues à soixante, cinquante, quarante et trente ; mais ils sont hors d'usage aujourd'hui, partout où l'on parle bien français.

D. Comment représente-t-on les nombres compris entre les dixaines ?

R. Il suffit, pour représenter tous les nombres compris entre les dixaines, de mettre successivement les neuf chiffres à la place du zéro, dans chaque nombre de dixaines.

Exemples : Ainsi, 11 est le nombre *onze* qui suit dix et vaut *dix* plus *un*, 12 est le nombre *douze* qui vaut *onze* plus *un* ou *dix* plus *deux*, 13 est le nombre *treize* qui vaut *douze* plus *un* ou *dix* plus *trois* ; et, en effet, ces groupes de deux chiffres 11, 12, 13, signifient bien *une dixaine et un*, *une dixaine et deux*, *une dixaine et trois*, puisque les chiffres 1, 2, 3, mis au premier rang à droite, doivent exprimer des unités simples, comme s'ils étaient isolés, et que le chiffre 1 mis au 2ᵉ rang, comme dans 10 ; exprime nécessairement une *dixaine*.

En continuant toujours de même, on forme les nombres 14 *quatorze* ou une dixaine et quatre, 15 *quinze* ou une dixaine et cinq, 16 *seize* ou une dixaine et six, 17 *dix-sept*, 18 *dix-huit*, 19 *dix-neuf*, puis vient 20 *vingt*.

Pour représenter les nombres supérieurs à vingt, on écrit chacun des neuf chiffres au premier rang à droite, et au deuxième rang,

le chiffre 2, qui exprime alors deux dixaines ou vingt, comme dans 20.

On a ainsi 21 *vingt et un* ou mieux *vingt-un* (prononcez vin tun), 22 *vingt-deux* (prononcez vingte deux), 23 *vingt-trois*, 24 *vingt-quatre*, 25 *vingt-cinq*, 26 *vingt-six*, 27 *vingt-sept*, 28 *vingt-huit*, 29 *vingt-neuf;* puis vient 30 *trente*.

Les nombres compris entre trente et quarante sont représentés d'une manière analogue : 31 *trente-un*, 32 *trente-deux*, et ainsi de suite jusqu'à *trente-neuf*.

Pour les nombres compris entre 40 *quarante* et cinquante, on a 41 *quarante-un*, 42 *quarante-deux*, et ainsi de suite, jusqu'à 49 *quarante-neuf*.

Les nombres compris entre 50 *cinquante* et soixante, s'écrivent comme il suit : 51 *cinquante-un*, 52 *cinquante-deux*, et ainsi de suite, jusqu'à 59 *cinquante-neuf*.

Pour les nombres compris entre 60 *soixante* et soixante-dix, on écrit 61 *soixante-un*, 62 *soixante-deux*, et ainsi de suite, jusqu'à 69 *soixante-neuf*.

Entre 70 *soixante-dix* et quatre-vingts, on a les nombres 71 *soixante-onze* ou 70 et 1, puisque onze vaut dix et un ; 72 *soixante-douze* ou 70 et 2, puisque douze vaut dix et deux ; 73 *soixante-treize* ou 70 et 3, puisque treize vaut dix et trois ; 74 *soixante-quatorze* ou 70 et 4, puisque quatorze vaut dix et quatre ; 75 *soixante-quinze* ou 70 et 5, puisque quinze vaut dix et cinq ; 76 *soixante-seize* ou 70 et 6, puisque seize vaut dix et

six; puis viennent 77 *soixante-dix-sept*, 78 *soixante-dix-huit*, 79 *soixante-dix-neuf*.

Entre 80 *quatre-vingts* et quatre-vingt-dix, sont les nombres 81 *quatre-vingt-un* (vin un), 82 *quatre-vingt-deux* (vin deux), et ainsi de suite jusqu'à 89 *quatre-vingt-neuf*.

Au-delà de 90 *quatre-vingt-dix*, on a 91 *quatre-vingt-onze* ou 90 et 1, puisque onze vaut dix et un; 92 *quatre-vingt-douze* ou 90 et 2, 93 *quatre-vingt-treize* ou 90 et 3, 94 *quatre-vingt-quatorze* ou 90 et 4, 95 *quatre-vingt-quinze* ou 90 et 5, 96 *quatre-vingt-seize* ou 90 et 6, 97 *quatre-vingt-dix-sept*, 98 *quatre-vingt-dix-huit*, 99 *quatre-vingt-dix-neuf*.

TROISIÈME LEÇON.

D. Quel est le nom du nombre qui suit 99?

R. Le nom du nombre qui suit 99 est *cent*. On en fait, aussi une espèce d'unité nommée *centaine*, car on compte par centaines, comme on compte par dixaines et par unités.

Exemple : On peut dire : j'ai une centaine, deux centaines, trois centaines de mesures de blé, si l'on en possède cent, ou deux fois cent, ou trois fois cent.

D. Comment représente-t-on les neuf premiers nombres de centaines?

R. Chacun des neuf premiers nombres de centaines est représenté par un des neuf

chiffres suivis de deux zéros, à droite. Ces deux zéros remplacent le mot *centaine*.

EXEMPLES : Ainsi 100 représente une centaine, 200 deux centaines, 300 trois centaines, 400 quatre centaines, 500 cinq centaines, 600 six centaines, 700 sept centaines, 800 huit centaines, 900 neuf centaines.

D. Quels noms prennent les nombres de centaines, lorsque l'on compte par unités simples ?

R. Lorsque l'on compte par unités simples et non par centaines, une centaine se prononce *cent ;* deux centaines *deux cents ;* trois centaines, *trois cents ;* quatre centaines, *quatre cents ;* cinq centaines, *cinq cents ;* six centaines, *six cents ;* sept centaines, *sept cents ;* huit centaines, *huit cents ;* neuf centaines, *neuf cents*.

EXEMPLES : C'est donc la même chose de dire qu'un évènement est arrivé *il y a trois centaines d'années* ou *il y a trois cents ans*. Seulement, dans le premier cas, on prend pour unité une collection de cent années, une centaine d'années, tandis que, dans le second cas, l'unité est simple et ne vaut qu'une année.

D. Comment s'écrivent en chiffres les nombres compris entre les centaines ?

R. Les nombres compris entre les centaines s'écrivent, pour calculer, au moyen des neuf chiffres qu'on met à la place des deux zéros.

EXEMPLES : On a de la sorte 101 *cent un*, 102 *cent deux*, et ainsi de suite, jusqu'à 109 *cent neuf*; puis 110 *cent dix*, 111 *cent onze*, 112 *cent douze*, et ainsi de suite jusqu'à 119 *cent dix-neuf*; puis 120 *cent vingt*, 121 *cent vingt-un*, et ainsi de suite, jusqu'à 129 *cent vingt-neuf*; puis 130 *cent trente*, 131 *cent trente-un*, et ainsi de suite jusqu'à 139 *cent trente-neuf*; puis 140 *cent quarante*, 141 *cent quarante-un*, et ainsi de suite jusqu'à 149 *cent quarante-neuf*; puis 150 *cent cinquante*, 151 *cent cinquante-un*, et ainsi de suite, jusqu'à 159 *cent cinquante-neuf*; puis 160 *cent soixante*, 161 *cent soixante-un*, et ainsi de suite, jusqu'à 169 *cent soixante-neuf*; puis 170 *cent soixante-dix*, 171 *cent soixante-onze*, et ainsi de suite, jusqu'à 179 *cent soixante-dix-neuf*; puis 180 *cent quatre-vingts*, 181 *cent quatre-vingt-un*, et ainsi de suite, jusqu'à 189 *cent quatre-vingt-neuf*; puis 190 *cent quatre-vingt-dix*, 191 *cent quatre-vingt-onze*, et ainsi de suite, jusqu'à 199 *cent quatre-vingt-dix-neuf*.

Après 199 vient 200. Pour écrire en chiffres les nombres compris entre 200 et 300, on remplace les deux zéros de 200 par les neuf chiffres, absolument de la même manière qu'on a remplacé les deux zéros de 100. Cela donne tous les nombres dont les noms commencent par *deux cents* et finissent par les noms des quatre-vingt-dix-neuf premiers nombres, comme *deux cent un* 201, *deux cent deux* 202, *deux cent trois* 203, *deux cent cinquante-neuf* 259, *deux cent quatre-vingt-dix-neuf* 299.

1*

Agissant de même sur les deux zéros de 300, on écrit tous les nombres dont les noms commencent par *trois cents*, et finissent par ceux des quatre-vingt-dix-neuf premiers nombres. Cela mène de *trois cent un* 301, jusqu'à *trois cent quatre-vingt-dix-neuf* 399.

Par le même moyen, vous irez de *quatre cent un* 401, jusqu'à *quatre cent quatre-vingt-dix-neuf* 499; de *cinq cent un* 501, jusqu'à *cinq cent quatre-vingt-dix-neuf* 599; de *six cent un* 601, jusqu'à *six cent quatre-vingt-dix-neuf* 699; de *sept cent un* 701, jusqu'à *sept cent quatre-vingt-dix-neuf* 799; de *huit cent un* 801, jusqu'à *huit cent quatre-vingt-dix-neuf* 899; et enfin de *neuf cent un* 901, jusqu'à *neuf cent quatre-vingt-dix neuf* 999, dernier des nombres qui ne renferment que des centaines, des dixaines et des unités simples.

QUATRIÈME LEÇON.

D. Quel est le nom du nombre qui suit 999?

R. Le nombre qui suit 999, s'appèle *mille*; ce nom est aussi celui d'une espéce d'unité qui vaut dix centaines, comme la centaine vaut dix dixaines, comme la dixaine vaut dix unités simples.

D. Comment représente-t-on les nombres de mille?

R. Les nombres de mille se représentent chacun par un des neuf chiffres suivi de

trois zéros. Ces trois zéros remplacent le mot *mille*.

EXEMPLES : Ainsi, *un mille* ou *mille* est exprimé par 1 000, *deux mille* sont exprimés par 2 000, *trois mille* par 3 000, *quatre mille* par 4 000, *cinq mille* par 5 000, *six mille* par 6 000, *sept mille* par 7 000, *huit mille* par 8 000, *neuf mille* par 9 000. On ne saurait aller plus loin avec trois zéros et les neuf chiffres, puisque les voilà tous employés.

D. Comment s'écrivent en chiffres les nombres intermédiaires ?

R. Pour écrire les nombres compris entre les mille, on remplace les trois zéros par les neuf chiffres ; cela conduit à *neuf mille neuf cent quatre-vingt-dix-neuf* 9 999, dernier des nombres qu'on puisse représenter avec quatre chiffres.

EXEMPLES : Le nombre *mille sept* qui contient un mille et 7 unités simples, s'écrit 1 007, Le nombre *deux mille trente* qui contient 2 mille et 3 dixaines, s'écrit 2 030. Le nombre *trois mille cinquante-six* qui contient 3 mille, 5 dixaines et 6 unités simples, s'écrit 3 056.

Le nombre *quatre mille huit cents* qui contient 4 mille et 8 centaines, s'écrit 4 800. Le nombre *cinq mille deux cent cinq* qui contient 5 mille, 2 centaines et 5 unités simples, s'écrit 5 205. Le nombre *six mille sept cent quarante* qui contient mille, 67 centaines et 4 dixaines, s'écrit 6 740. Enfin, le nombre *huit mille cent quatre-vingt-douze* qui con-

tient **8** mille, une centaine, 9 dixaines et 2 unités simples, s'écrit 8 192.

D. Quelles espèces d'unités viennent après les mille?

R. Après les mille viennent les dixaines de mille, puis les centaines de mille, comme après les unités simples viennent leurs dixaines et leurs centaines.

D. Comment se représentent ces nouvelles unités et les nombres intermédiaires?

R. Ces nouvelles unités et les nombres intermédiaires sont représentés d'une manière analogue à celle qui a été employée pour les nombres précédents. Ainsi, les dixaines de mille s'écrivent au moyen des neuf chiffres suivis chacun de quatre zéros; les centaines de mille s'écrivent au moyen des mêmes chiffres suivis chacun de cinq zéros, et pour les nombres intermédiaires, on remplace les zéros par les neuf chiffres.

EXEMPLES : Le nombre *trente mille* qui contient 5 dixaines de mille, s'écrit 30 000. Le nombre *cinq cent mille* qui contient 5 centaines de mille, s'écrit 500 000. Le nombre *dix-huit mille vingt-sept* qui renferme une dixaine de mille, 8 mille, 2 dixaines et 7 unités simples, s'écrit 18 027. Le nombre *deux cent quatre mille huit cent trois* qui se compose de 2 centaines de mille, de 4 mille, de 8 centaines et de 3 unités simples, s'écrit 204 803. Enfin, le plus grand nombre qu'on puisse écrire avec 6 chiffres est *neuf cent*

quatre-vingt-dix-neuf mille neuf cent quatre-vingt-dix-neuf ; comme il contient 9 centaines de mille, 9 dixaines de mille, 9 mille, 9 centaines, 9 dixaines et 9 unités simples, il s'écrit 999 999.

CINQUIÈME LEÇON.

D. Quelles sont les unités qui suivent les centaines de mille?

R. Après les centaines de mille, viennent les *millions*, qui ont aussi leurs dixaines et leurs centaines; ils se représentent d'une manière analogue à celle qui est employée pour les unités, les mille, leurs dixaines et leurs centaines.

D. Quelles unités suivent les millions?

R. Après les millions, viennent les *billions*, avec leurs dixaines et leurs centaines. Les billions prennent quelquefois le nom de *milliards*, mais seulement quand il s'agit de sommes d'argent.

D. Y a-t-il encore d'autres unités?

R. Les billions sont suivis des *trillions* et ensuite viennent les *quatrillions*, les *quintillions*, les *sextillions*, les *septillions*, les *octillions*, les *nonillions* et les *décillions*. Chacune de ces espèces d'unités a ses dixaines et ses centaines, comme les billions, les millions, les mille et les unités simples.

D. Pourquoi s'arrête-t-on aux décillions ?

R. Rien n'empêcherait de donner des noms aux nombres supérieurs aux décillions ; mais ces unités sont bien assez élevées pour les besoins des hommes ; on compte même très-rarement au-delà des billions.

OBSERVATION : Il importe beaucoup de savoir les noms des diverses unités, de manière à pouvoir les dire par ordre, soit en montant des unités simples jusqu'aux décillions, soit en descendant des décillions jusqu'aux unités simples.

D. Dans quel ordre se succèdent les diverses unités, quand on va de la plus grande à la plus petite ?

R. Lorsqu'on va de la plus grande unité à la plus petite, en passant les centaines et les dixaines de chacune, les noms se présentent comme il suit : décillions, nonillions, octillions, septillions, sextillions, quintillions, quatrillions, trillions, billions, millions, mille, unités.

PRÉPARATION : Les noms donnés aux diverses unités permettent de partager les chiffres d'un nombre en groupes de trois sortes d'unités chacun.

Soit le nombre 215 783 138 649. Le premier groupe à droite 649 est celui des unités simples, de leurs dixaines et de leurs cen-

taînes. Le deuxième groupe 158 est celui des mille, de leurs dixaines et de leurs centaines. Le troisième groupe 783 comprend les millions, leurs dixaines et leurs centaines. Enfin, le quatrième 215 renferme les billions, leurs dixaines et leurs centaines.

Soit encore le nombre 45 067 400 508 003. Le premier groupe à droite 003 est aussi celui des unités simples, de leurs dixaines et de leurs centaines ; mais comme ces deux dernières espèces d'unités manquaient dans le nombre parlé, on a mis deux zéros pour en tenir la place. De même, dans le groupe des mille 508, un zéro tient la place des dixaines de mille. Dans le groupe des millions 400, deux zéros tiennent la place des unités et des dixaines, parce que le nombre parlé ne contenait que des centaines de millions. Dans le groupe des billions 067, un zéro tient la place des centaines de billions, vu que le nombre parlé n'en renfermait point. Enfin, le cinquième groupe 45, celui des trillions, n'a que deux chiffres, attendu que les centaines de trillions manquaient dans le nombre parlé.

Vous voyez donc que le dernier groupe à gauche peut être incomplet et ne contenir que deux chiffres ou qu'un seul. On pourrait bien le compléter aussi par deux zéros, mais ils ne serviraient absolument à rien. Les zéros des autres groupes sont, au contraire, indispensables, puisque c'est seulement par leur moyen qu'on peut indiquer l'absence de certaines sortes d'unités.

Il suit de ce qui vient d'être dit, que pour

lire un nombre tel que 15 703 500 250 008, on pourrait dire, en allant de droite à gauche, 8 *unités simples*, 250 *mille*, 500 *millions*, 703 *billions*, 15 *trillions*. Mais comme il est tout aussi facile d'aller de gauche à droite, et que cette marche est conforme à celle qui est suivie dans la lecture des mots, on lit les nombres en commençant par le groupe le plus élevé, et l'on dit 15 *trillions* 703 *billions* 500 *millions* 250 *mille* 8.

SIXIÈME LEÇON.

D. Quelle règle doit-on suivre pour lire aisément un nombre écrit en chiffres ?

R. Pour lire aisément un nombre chiffré, on le décompose en groupes de trois chiffres, par des virgules ou par la pensée, et en allant de droite à gauche. Puis on nomme les groupes, en commençant par le premier à droite et en disant, unités, mille, millions, billions, etc. Cela fait connaître le nom du dernier groupe à gauche. On lit alors le nombre de ce groupe qui peut être incomplet et ne contenir qu'un ou deux chiffres. Après avoir énoncé le nombre, comme s'il ne s'agissait que de centaines, de dixaines et d'unités simples, on prononce le nom du groupe. La même méthode est employée pour chacun des groupes suivants ; mais au lieu de dire *unités*, après l'énonciation du nombre formé

par le dernier groupe à droite, on termine par le nom des choses comptées, et s'il n'y en a pas d'indiquées, on ne dit rien du tout.

EXEMPLES : *Lire le nombre* 45904012008000130255 *minutes*.

Je le partage en groupes de trois chiffres, par des virgules, en allant de droite à gauche, et le nombre donné se trouve écrit comme il suit : 43'904'012'008'000'130'255 (*). Je dis alors, sur le premier groupe à droite, *unités*, puis sur les suivants, *mille, millions, billions, trillions, quatrillions, quintillions*. Le dernier groupe à gauche est donc celui des *quintillions*, et il se trouve incomplet : les centaines manquent.

Maintenant j'énonce le nombre 43 du dernier groupe à gauche, en disant *quarante-trois*, et j'ajoute sur-le-champ le mot *quintillions*, nom des unités de ce groupe. Je dis donc *quarante-trois quintillions*.

Le nombre 904 du groupe suivant est *neuf cent quatre*, et comme ce groupe est celui des quatrillions, je dis *neuf cent quatre quatrillions*.

Le nombre 012 du troisième groupe, en allant vers la droite, est *douze*, car le zéro placé en avant ne sert qu'à tenir la place des centaines qui manquent, et comme ce groupe est celui des trillions, je dis *douze trillions*.

(*) Il vaut mieux mettre les virgules en haut qu'en bas ; c'est le moyen qu'elles ne se confondent point avec celles qu'on emploie pour indiquer les décimales.

Le nombre 008 du quatrième groupe, est *huit*, car les deux zéros placés en avant ne servent qu'à tenir la place des centaines et des dixaines qui manquent. Comme ce groupe est celui des billions, je dis *huit billions*.

Le cinquième groupe ne renfermant que des zéros, ne donne aucun nombre de millions ; je le passe donc, sans rien dire.

Le sixième groupe 130 est celui des mille, et renferme le nombre *cent trente*. Je dis donc *cent trente mille*.

Enfin, le septième groupe 235 est celui des unités, et présente le nombre *deux cent trente-cinq*. Comme ces unités portent le nom particulier de *minutes*, je dis *deux cent trente-cinq minutes*.

Ainsi, le nombre donné est : quarante-trois *quintillions* neuf cent quatre *quatrillions* douze *trillions* huit *billions* cent trente *mille* deux cent trente-cinq *minutes*.

OBSERVATION : Il faut s'exercer beaucoup à lire des nombres, et lorsqu'on y est bien habitué, on s'abstient de séparer les groupes par des virgules : l'œil doit suffire pour les distinguer.

SEPTIÈME LEÇON.

D. Comment écrivez-vous en chiffres, un nombre dicté en langage ordinaire ?

R. J'écris d'abord le nombre qui doit former le premier groupe à gauche, sans faire attention à son nom ni aux autres

groupes ; puis j'écris de la même manière, le nombre du deuxième groupe, celui du troisième, et ainsi de suite, en allant toujours de gauche à droite.

EXEMPLE : Si l'on dicte le nombre vingt-un *millions* sept cent trente-quatre *mille* cent quatre-vingt-dix-huit, j'écris 21 pour exprimer les millions, 734 pour exprimer les mille, et 198 pour exprimer les unités simples. J'ai ainsi 21 734 198.

D. Que fait-on, s'il manque dans un nombre dicté, un ou deux chiffres d'un groupe ?

R. Lorsqu'il manque un ou deux chiffres dans un groupe, on les remplace par autant de zéros.

EXEMPLES : *Écrire le nombre deux cent sept francs.*

J'écris 207 francs, parce qu'il n'y a point de dixaines dans le nombre proposé : il contient seulement des centaines de francs et des unités de francs. Si je ne mettais pas un zéro à la place des dixaines, et que j'écrivisse seulement 27^f, j'exprimerais *vingt-sept francs* et non pas *deux cent sept francs*, car le chiffre 2 serait au rang des dixaines et non au rang des centaines où il doit être.

Écrire le nombre quatre mille six hommes.

J'écris 4 006^h, c'est-à-dire que je mets deux zéros après le groupe des *mille*, pour tenir la place des centaines et des dixaines qui manquent dans le groupe des unités simples.

Ce serait une grande faute d'écrire 46^h, sans séparer le 4 et le 6 par deux zéros, car on exprimerait seulement le nombre *quarante-six hommes*. Un seul zéro, entre le 4 et le 6, ne suffirait même pas, car 406^h n'indiquerait que *quatre cent six hommes*.

D. Que feriez-vous, s'il manquait entièrement un ou plusieurs groupes, dans un nombre dicté?

R. S'il manquait un ou plusieurs groupes de chiffres, je mettrais trois zéros à la place que chaque groupe manquant devrait occuper.

EXEMPLES : *Écrire en chiffres dix-huit billions quatre francs.*

J'écris d'abord 18, puis trois zéros au groupe des millions, trois zéros au groupe des mille, et encore deux zéros pour tenir la place des centaines et des dixaines de francs. J'ai ainsi 18 000 000 004^f.

Écrire en chiffres trois billions cinquante-quatre mille francs.

J'écris d'abord 3, puis trois zéros au groupe des millions, un zéro à la place des centaines de mille, 54 à la suite de ce zéro, et enfin trois zéros au groupe des unités. J'ai ainsi 5 000 054 000^f.

OBSERVATION : Il faut s'exercer beaucoup à écrire en chiffres des nombres dictés en langage ordinaire, et avoir soin d'indiquer la nature des unités par la première lettre ou les premières lettres de leur nom, toutes les fois que ce nom est connu. Cette indication

se place à la droite du nombre et un peu au-dessus, comme vous le voyez dans 6 057^f : si vous la mettiez sur la ligne des chiffres, il serait à craindre qu'une lettre mal faite ne fût prise pour un chiffre de plus.

D. Quel nom a reçu la partie de l'Arithmétique que vous venez d'apprendre ?

R. L'ensemble des conventions faites pour exprimer tous les nombres, au moyen de dix caractères, est ce qu'on appèle la *numération.* Cette partie de l'Arithmétique enseigne aussi les moyens à employer pour *chiffrer,* ou écrire les nombres en chiffres, et pour *déchiffrer* ou lire les nombres écrits en chiffres.

D. A quel principe peut se réduire toute la numération ?

R. La numération est comprise tout entière dans le principe suivant : *Tout chiffre d'un nombre exprime des unités dix fois plus grandes que celles du rang suivant à droite, et dix fois plus petites que celles du rang suivant à gauche.*

EXEMPLE : Dans 6 507, le chiffre 5 qui exprime des centaines, vaux *dix* fois ce qu'il vaudrait s'il était à la place du zéro où il exprimerait des dixaines, et il vaut *dix* fois moins que ce qu'il vaudrait s'il était à la place du 6 où il exprimerait des mille ; car il faut *dix* dixaines pour faire une centaine, et *dix* centaines pour faire un mille.

HUITIÈME LEÇON.

D. Comment rendriez-vous un nombre dix fois plus grand qu'il n'est?

R. Pour rendre un nombre dix fois plus grand, il suffit d'y écrire un zéro à droite. Par là, les unités deviennent des dixaines et dix fois plus grandes, les dixaines deviennent des centaines et dix fois plus grandes, et ainsi de suite. Par conséquent, chacune des parties du nombre est dix fois plus grande qu'elle n'était; le nombre tout entier est donc devenu lui-même dix fois plus grand.

EXEMPLES : Pour rendre 3 dix fois plus grand, j'écris 30; pour rendre 57 dix fois plus grand, j'écris 570; pour rendre 140 dix fois plus grand, j'écris 1 400.

D. Comment rendrez-vous un nombre 100 fois plus grand qu'il n'est?

R. Il ne s'agit que d'écrire deux zéros à droite d'un nombre, pour le rendre cent fois plus grand; car les unités deviennent par là des centaines.

EXEMPLES : 400 est cent fois plus grand que 4, et 3 600 est cent fois plus grand que 36.

D. Comment rend-on un nombre mille fois plus grand qu'il n'est?

R. Un nombre devient mille fois plus grand, si l'on écrit trois zéros à droite;

car le chiffre qui exprimait des unités, exprime alors des mille.

EXEMPLES : 5 devient mille fois plus grand quand on le change en 5 000, au moyen de trois zéros écrits à droite ; 240 devient mille fois plus grand, lorsqu'on le change en 240 000.

NEUVIÈME LEÇON.

D. Comment rend-on dix fois plus petit qu'il n'est, un nombre qui se termine par zéro ?

R. Si un nombre est terminé à droite par zéro, on le rend dix fois moindre, en supprimant ce zéro ; car alors les dixaines deviennent des unités simples et dix fois moindres, les centaines deviennent des dixaines et dix fois moindres.

D. Que faut-il faire pour rendre 100 fois moindre, un nombre qui a deux zéros à droite ?

R. Lorsqu'un nombre a au moins deux zéros de suite à droite, on le rend cent fois moindre en supprimant les deux derniers zéros ; car alors les centaines deviennent unités simples et cent fois plus petites.

D. Par quel moyen peut-on rendre mille fois moindre, un nombre que terminent trois zéros ?

R. Un nombre qui a au moins trois zé-

ros de suite à droite, est rendu mille fois moindre par la suppression des trois derniers zéros, car elle change les mille en unités simples.

EXEMPLE : Pour rendre 140 dix fois plus petit, je le change en 14 ; pour rendre 500 dix fois moindre, je le change en 50, par la suppression du dernier zéro ; pour rendre 25 000 cent fois moindre, je supprime les deux derniers zéros et j'ai 250 ; pour rendre 15 000 mille fois moindre, j'écris 15.

DIXIÈME LEÇON.

ADDITION.

D. Qu'est-ce que l'addition ?

R. L'addition est une opération de calcul par laquelle on réunit plusieurs nombres en un seul appelé *somme* ou *total*.

EXEMPLE : Je suppose qu'un homme ait dépensé 2^f le lundi, 3^f le mardi, 4^f le mercredi, 1^f le jeudi, 2^f le vendredi, 3^f le samedi, 5^f le dimanche, et qu'on veuille savoir combien il a dépensé en tout dans la semaine. Il faudra réunir en un seul, tous les nombres de francs dépensés, ou faire *l'addition* de tous ces nombres. On verra ainsi que le *total* de la dépense est de 20^f.

OBSERVATION : Pour être en état de faire une addition, il faut savoir par cœur les *sommes* que donnent les neuf chiffres ajoutés ensemble deux à deux. On apprend cela dans la table d'addition.

TABLE D'ADDITION.

1	et	1	font	2		4	et	4	font	8
1		2		3		4		5		9
1		3		4		4		6		10
1		4		5		4		7		11
1		5		6		4		8		12
1		6		7		4		9		13
1		7		8						
1		8		9		5	et	5	font	10
1		9		10		5		6		11
						5		7		12
2	et	2	font	4		5		8		13
2		3		5		5		9		14
2		4		6						
2		5		7		6	et	6	font	12
2		6		8		6		7		13
2		7		9		6		8		14
2		8		10		6		9		15
2		9		11						
						7	et	7	font	14
3	et	3	font	6		7		8		15
3		4		7		7		9		16
3		5		8						
3		6		9		8	et	8	font	16
3		7		10		8		9		17
3		8		11						
3		9		12		9	et	9	font	18

D. Est-il nécessaire, pour additionner deux chiffres, de placer le plus petit avant le plus grand ?

2

R. Il n'y a aucun ordre à observer quand on additionne deux chiffres : peu importe que le plus grand soit ajouté au plus petit ou le plus petit au plus grand. Le total est toujours le même, car d'une manière ou de l'autre, il contient autant d'unités qu'en renferment ensemble les deux chiffres.

Exemple : 5 et 4 font neuf comme 4 et 5 ; car, commencez à marquer cinq traits, puis quatres autres traits à la file, comme il suit : |||||,|||| ; vous en trouverez neuf en tout, si vous les comptez, de même que vous en trouverez neuf, lorsque vous commencerez à en marquer quatre, puis cinq après, comme il suit : ||||,|||||.

Remarque : On a profité de ce principe, pour rendre plus courte la table d'addition : elle n'indique point les sommes des chiffres ajoutés à des chiffres plus grands, parce qu'elle donne celles de chaque chiffre ajouté à des chiffres inférieurs. Enseignant que 3 et 8 font 11, il était inutile qu'elle indiquât combien font 8 et 3, puisque la somme de ces deux chiffres est 11, quel que soit l'ordre dans lequel on les additionne.

D. Comment trouve-t-on la somme de deux nombres dont l'un a plusieurs chiffres et l'autre un seul ?

R. On remplace les unités du grand nombre, par celles de la somme qu'elles donnent, étant ajoutées au nombre d'un seul chiffre, et si cette somme surpasse 9,

on augmente de 1 les dixaines du grand
nombre.

EXEMPLES : Pour savoir le total de 47 et 8 ,
rappelez-vous que 7 et 8 font 15 ; vous verrez
qu'il faut changer le 7 de 47 en 5 et ajouter
1 aux 4 dixaines. On trouve ainsi 55 , et ce
nombre est effectivement la somme de 47 et
de 8 , comme vous pouvez le voir en comptant
sur vos doigts , à partir de 47.

Combien font 43 et 5 ?

Le total de ces deux nombres est 48 ,
puisque 3 et 5 font 8.

Combien font 205 et 9 ?

La somme de ces deux nombres est 214 ,
parce que 5 et 9 font 14.

Combien font 2 369 et 7 ?

La somme de ces deux nombres est 2376 ,
parce que 9 et 7 font 16.

OBSERVATION : Pour devenir bon calculateur,
il faut s'exercer à faire de pareilles additions ,
jusqu'au moment où l'on pourra dire sur-le-
champ, sans la moindre hésitation , la somme
d'un chiffre ajouté à un nombre quelconque.

ONZIÈME LEÇON.

D. Peut-on additionner toutes sortes de
nombres ?

R. Des nombres ne peuvent être réunis
en un total , s'il n'expriment pas des choses
de même nom.

EXEMPLE : On ne saurait additionner 9
hommes et 7 arbres, car la somme 16 des

nombres 0 et 7 ne pourrait recevoir aucun nom ; elle n'exprimerait ni 16 hommes ni 16 arbres.

D. Peut-on additionner des unités et des dixaines?

R. Des unités et des dixaines étant des choses qui n'ont pas le même nom, ne sauraient former un total. On peut seulement joindre les dixaines aux unités, en les écrivant à gauche, quand ce sont des dixaines et des unités de choses de même nom.

Exemple : 4 unités et 5 dixaines ne donnent pas 9, comme les nombres 4 et 5, car ce 9 ne pourrait exprimer, ni 9 unités, ni 9 dixaines; cette somme n'aurait aucun nom. Mais, on peut écrire les 5 dixaines à gauche des 4 unités, s'il s'agit, par exemple, d'arbres pour les deux nombres, et alors on a 54 arbres.

D. Que doit exprimer le total de nombres dont l'unité est la même?

R. Le total des nombres qui expriment des choses de même nom, doit évidemment exprimer les mêmes choses.

Exemple : Additionnons 2 voitures et 5 voitures, nous aurons nécessairement 5 voitures pour total. La somme 5 des nombres 2 et 3 ne saurait porter un nom autre que celui de ces nombres.

Préparation : *Quel est le total des nombres* 2 034^f, 6 207^f, 938^f, 5 370^f, 53^f?

Comme il me serait impossible de dire tout d'un coup combien font en somme tous ces grands nombres de francs, je décompose leur addition en plusieurs autres plus simples et telles que je n'aie à ajouter qu'un seul chiffre, au total de quelques autres. A cette fin, j'additionne d'abord les unités, puis les dixaines, puis les centaines, etc., et pour opérer plus facilement, pour ne pas m'exposer à confondre les unités et les dixaines, ou les dixaines et les centaines, j'écris tous les nombres donnés les uns sous les autres, de manière que les chiffres de même rang soient en colonne comme ci-contre.

2 034^f
6 207
938
5 370
53
——————
14 602

Ensuite, je dis, pour la première colonne à droite, 4 et 7 font **11**, 11 et 8 font **19**, 19 et 3 font **22**. Je pourrais écrire ces **22** unités sous la colonne des unités. Mais comme dans 22, il y a 2 dixaines et que je veux faire un total, j'écris seulement les deux unités sous la première colonne, et j'additionne les 2 dixaines avec les chiffres de la deuxième colonne, en disant: 2 et 3 font **5**, 5 et 3 font **8**, 8 et 7 font **15**, 15 et 5 font **20**.

Dans 20 dixaines, il n'y a point d'unités de dixaines; il y a seulement 2 dixaines de dixaines ou 2 centaines. J'écris donc 0 sous la deuxième colonne, et je *reporte* les 2 centaines sur la colonne des centaines, en disant: 2 et 2 font **4**, 4 et 9 font **13**, 13 et 3 font **16**.

Dans 16 centaines, il y a 6 unités de cen-

taines et une dixaine de centaines ou 1 mille.

J'écris 6 sous la troisième colonne, et je reporte 1 sur la quatrième, en disant : 1 et 2 font 3, 3 et 6 font 9, 9 et 5 font 14. J'écris ces 14 mille sous leur colonne, puisqu'il n'y a plus de colonne sur laquelle je puisse reporter la dixaine de mille.

L'opération est alors terminée, et j'ai pour total $14\,602^f$. Si ce nombre n'a pas l'indication f, dans le modèle d'addition, c'est que cette lettre mise au premier nombre 2 054, sert pour tous et même pour le total.

Le résultat $14\,602^f$ est bien la somme des cinq nombres donnés, car il a été formé par la réunion de leurs unités, de leurs dixaines, etc., c'est-à-dire par la réunion de toutes leurs parties semblables, et réunir les parties de différentes choses, c'est réunir ces choses, c'est les additionner.

D. Quelle est la règle de l'addition ?

R. Pour additionner des nombres composés de plus d'un chiffre, on les écrit les uns sous les autres, de manière que les chiffres de même rang soient en colonne ; puis on fait un trait au-dessous du dernier nombre, et c'est sous ce trait que s'écrit le total. Afin d'obtenir facilement ce total, on forme d'abord celui des unités simples qui sont dans la première colonne à droite et on l'écrit sous cette colonne, s'il ne surpasse pás 9. Lorsqu'il est plus grand que 9, on n'écrit que les unités simples

qui s'y trouvent, et l'on *reporte* les dixaines sur la colonne suivante. Le calcul se continue ensuite de la même manière jusqu'à la dernière colonne à gauche, et le total de cette colonne est écrit au-dessous tout entier.

DOUZIÈME LEÇON.

D. Quel est le moyen d'abréger l'addition?

R. Pour calculer le plus rapidement possible, dans une addition, il faut faire, sans parler, la somme des deux premiers chiffres de chaque colonne, puis le total de cette somme et du troisième chiffre, et ainsi de suite. On ne parle que pour énoncer ces sommes partielles, à mesure qu'on les forme par la pensée, et pour indiquer les reports de dixaines.

EXEMPLE : *Faire le total des nombres :* 2 304 *hommes*, 1 503^h, 975^h, 290^h, 268^h.

```
2 304ʰ
1 503
  975
  290
  268
------
5 340
```

Après avoir écrit ces nombres comme il est prescrit, je dis, sur la première colonne à droite, 7, 12, 20, au lieu de dire 4 et 3 font 7, 7 et 5 font 12, 12 et 8 font 20, ce qui allonge beaucoup l'opération.

Ayant dit 20, j'écris 0 sous la première colonne, et je prononce les mots : *report* 2. Puis j'agis pour la seconde colonne, comme pour la première, en disant :

9 , 18, 24, report 2. Enfin, je continue de
la même manière, jusqu'à ce que j'aie formé
le total de la dernière colonne à gauche.

OBSERVATION : Il y a de l'avantage à calculer
ainsi : l'opération est plus tôt terminée, et
comme l'esprit n'est pas distrait par une foule
de mots superflus, on court moins le risque
de se tromper. A la vérité, il faut un peu
plus d'attention dans le commencement et
tant qu'on n'a pas acquis la faculté de faire,
presque sans y songer, le total d'un chiffre
et d'un nombre quelconque ; mais cette faculté ne tarde guère à venir, et alors on
additionne tout aussi aisément, en observant
l'abréviation, qu'en suivant l'ancienne méthode si longue et si fastidieuse. Au reste,
on doit s'efforcer de se rendre l'abréviation
familière, si l'on veut devenir promptement
bon calculateur.

D. Connaissez-vous un moyen de sou-
lager l'esprit dans une longue addition ?

R. Le moyen de rendre facile une longue addition, c'est de la décomposer en
plusieurs additions très-courtes. Il faut
faire d'abord le total de six nombres, par
exemple. Sous ce total, on écrit les cinq
nombres suivants, ce qui donne encore six
nombres à additionner. Le résultat de la
seconde opération est le total des onze
premiers nombres. On écrit dessous cinq
autres nombres, pour avoir le total des
seize premiers, et l'on continue toujours

de même, jusqu'à l'épuisement de tous les nombres donnés. Le dernier total est évidemment celui de tous ces nombres, et son exactitude est plus probable que si l'on avait fait, pour l'obtenir, une addition unique et fort longue.

D. Qu'est-ce que la preuve d'une opération ?

R. La preuve d'une opération est une autre opération faite pour *prouver* que le résultat obtenu est exact.

D. Comment se fait la preuve d'une addition ?

R. La preuve la plus simple et la plus ordinaire de l'addition consiste à recommencer le calcul, en allant de bas en haut. Comme les chiffres de chaque colonne ne sont plus alors ajoutés aux mêmes nombres, on n'est pas exposé à commettre de nouveau les erreurs qu'on a pu faire en additionnant de haut en bas, et par conséquent, si l'on retrouve tous les chiffres du total obtenu, il est probable que ce total est exact.

Exemple : Pour savoir si l'addition ci-contre est bonne, je fais d'abord la somme des chiffres de la première colonne à droite, en commençant par le bas et allant vers le haut.

```
  2 034
  6 207
    938
  5 570
     53
 ───────
 14 602
```

Je dis donc, 11, 18, 22, ce qui me fait retrouver le 2 du total. Ajoutant le report 2 au dernier chiffre 5 de la deuxième colonne, je dis : 7, 14, 17, 20, ce qui me donne le 0 du total. Passant à la troisième colonne, je dis : 5, 14, 16, ce qui reproduit le 6. Enfin, pour la quatrième colonne, je dis : 6, 12, 14, et je regarde la première opération comme juste, puisque la seconde a redonné tous les chiffres du total précédemment obtenu.

Forme des questions : Il reste à vous faire connaître la forme ordinaire des questions qui nécessitent une addition, afin de vous mettre à même de distinguer aisément les cas où il faut recourir à cette opération. Vous saurez auparavant qu'on appelle en général *problème*, toute question qui est assez compliquée, assez difficile, pour qu'on ne puisse y répondre sur-le-champ et sans quelque travail. Faire ce travail, c'est *résoudre* le problème, c'est en opérer la *solution*.

Problème : Un fermier a vendu 1 308 mesures de blé dans l'année 1828, puis 2 005 en 1829, puis 977 en 1830, puis 1 600 en 1831, puis 1 924 en 1832. Combien a-t-il vendu de mesures de blé dans ces cinq années ?

Solution : Puisqu'il s'agit de connaître un total, j'additionne les nombres 1 308, 2 005, 977, 1 600, 1 924, et comme leur somme est 7 814, j'en conclus que le fermier a vendu en cinq années 7 814 mesures de blé.

(Il faut faire un grand nombre d'additions et leurs

preuves, en se proposant des problèmes analogues au précédent. *)

TREIZIÈME LEÇON.

SOUSTRACTION.

D. Qu'est-ce que la soustraction ?

R. La soustraction est une opération de calcul par laquelle on ôte un nombre d'un autre, pour connaître leur *différence*.

Exemple : Si j'avais 19 lieues à faire et que j'en eusse déjà fait 4, je devrais, pour savoir combien il me resterait de chemin à parcourir, ôter ou soustraire les 4 lieues faites, des 19 lieues à faire.

Or, 19 est la somme de 4 et de ce qui reste, quand on a ôté 4 de 19; le reste est donc ce qu'il faut ajouter à 4 pour former 19. Comme 4 et 15 font 19, c'est 15 qui est l'*excès* de 19 sur 4, ou la différence de 4 à 19, ou le *reste* de la soustraction.

D. Comment trouve-t-on l'excès d'un nombre quelconque sur un autre qui n'a qu'un chiffre ?

R. Lorsque le nombre à ôter d'un autre, n'a qu'un chiffre, on obtient la différence en cherchant, par la pensée, ce qu'il faudrait ajouter au petit nombre pour former

---

* Il a été publié un recueil de problèmes avec leurs solutions raisonnées, par le même auteur, sous le titre de *Problèmes d'arithmétique*, ou *Exercices sur l'arithmétique des écoles primaires*; 3ᵉ édition.

le grand. Cela se trouve aisément, si l'on sait bien additionner un chiffre et un nombre quelconque.

EXEMPLES : *Trouver l'excès de* 18 *sur* 6.

Cet excès est 12, parce que 12 et 6 font 18. *Trouver la différence de* 7 *à* 43.

Cette différence est 36, parce que 36 et 7 font 43.

Que reste-t-il quand 9 *est ôté de* 67 ?

Il reste 58, parce que 58 et 9 font 67.

Soustrayez 8 *de* 8.

Le résultat ou le reste de la soustraction est zéro, parce qu'il ne faut rien ajouter à 8 pour former 8, parce que 0 et 8 font 8.

PRÉPARATION : *Quel est l'excès de* 15 497^f *sur* 264^f ?

Comme il m'est impossible de dire tout de suite ce qu'il faut ajouter à 264 pour former 15 497, je décompose la soustraction proposée en autant de petites soustractions partielles qu'il y a de chiffres dans le grand nombre. J'ôte d'abord les 4 unités de 264 des 7 unités de 15 497, et j'ai 3 unités pour reste. J'ôte ensuite les 6 dixaines du petit nombre des 9 dixaines du grand, et j'ai 3 dix-aines pour reste. Les 2 centaines du petit nombre étant ôtées des 4 centaines du grand, il reste 2 centaines. Le petit nombre est alors épuisé ; il n'y a rien à ôter des 5 mille du grand, ni de la dixaine de mille. Ces 5 mille et cette dixaine de mille restent donc tout entiers. Par conséquent, l'excès de 15 497^f sur 264^f se compose de 3 unités, de 3

dixaines, de 2 centaines, de 5 mille et d'une dixaine de mille ; cet excès est donc 15 235ᶠ.

Tous les restes partiels se trouvent réunis et convenablement placés les uns à côté des autres, si l'on écrit le petit nombre sous le grand, de manière que les unités de même espèce soient en colonne, et si l'on met chaque différence partielle sous les chiffres qui la fournissent. Agissez donc toujours ainsi, en vous conformant au modèle de soustraction ci-contre ; car le seul moyen d'avoir peu de chances d'erreur dans le calcul, c'est d'y faire régner le plus grand ordre.

$$\begin{array}{r} 15\,497^f \\ 264 \\ \hline 15\,233 \end{array}$$

D. Quelle est la règle à suivre pour opérer aisément la soustraction, quand le petit nombre a plus d'un chiffre?

R. Lorsque le nombre à soustraire a plus d'un chiffre, on l'écrit sous le grand, de manière que les unités de même espèce soient en colonne ; puis on fait un trait sous le petit nombre, et c'est sous ce trait que s'écrit la différence. Pour la trouver, on ôte le premier chiffre d'en bas, du premier chiffre d'en haut, et l'on place le reste sous la première colonne. Ensuite, on ôte les dixaines du petit nombre de celles du grand, les centaines des centaines, et l'on continue toujours ainsi, en allant de droite à gauche, écrivant toujours chaque reste sous la colonne qui l'a donné. Si le nombre supérieur a plus de chiffres

5

que l'inférieur, on écrit à la différence les
chiffres du grand nombre dont il n'y a rien
à ôter.

QUATORZIÈME LEÇON.

D. La règle donne-t-elle bien la vraie
différence de deux nombres?

R. Il est clair qu'en ôtant les unités des
unités, les dixaines des dixaines, les centaines des centaines, les mille des mille,
etc., j'ôte successivement toutes les parties du petit nombre des parties correspondantes du grand, et comme en ôtant toutes
les parties d'une chose, on ôte nécessairement cette chose tout entière, je ne puis
manquer d'avoir le vrai reste, si je calcule
bien.

D. Qu'écririez-vous à la différence, si
les deux chiffres d'une même colonne se
trouvaient égaux?

R. Lorsque les deux chiffres d'une même
colonne sont égaux, on écrit zéro à la différence, sous cette colonne ; car si l'on ôte
un nombre de lui-même, nécessairement
il n'y a point de reste, il ne reste rien :

EXEMPLE : *Retrancher* 3 624 *hommes de*
5 728 *hommes.*

5 728[h]
5 624
——————
2 104

Je dis : 4 ôté de huit, il reste 4, ou
plus simplement 4 de 8, reste 4 ; 2 de
2, reste zéro ; 6 de 7, reste 1 ; 3 de 5,
reste 2. L'excès de 5 728[h] sur 3 624[h]
est donc 2 104[h].

D. Qu'écririez-vous à la différence, au-dessous d'un zéro qui se trouverait dans le petit nombre?

R. S'il y a un zéro dans le petit nombre, j'écris au-dessous, à la différence, le chiffre correspondant du grand nombre; car, lorsque d'un nombre on n'ôte rien, le reste est nécessairement le nombre lui-même.

EXEMPLE : *Soustraire 506 lieues de* 2958[li].

2958[li]
506
_____
2432

Je dis : 6 de 8, reste 2; 0 de 5, reste 5; 5 de 9, reste 4; puis j'écris à la différence le quatrième chiffre 2 du grand nombre. Le résultat de la soustraction est donc 2452 lieues.

QUINZIÈME LEÇON.

PRÉPARATION : Il arrive assez souvent qu'un chiffre du nombre inférieur se trouve plus grand que le chiffre correspondant du nombre supérieur. Impossible alors d'opérer la soustraction par les moyens précédents; mais on surmonte aisément cette difficulté, comme vous allez voir.

La différence de 5 à 7 est 2; si vous ajoutez 1 aux deux nombres, vous aurez 6 au lieu de 5, 8 au lieu de 7, et la différence de 6 à 8 sera 2, comme celle de 5 à 7. Si vous ajoutez 2 aux deux nombres, vous aurez 7 et 9, dont la différence sera encore 2. Si vous ajoutez 5, vous aurez 8 et 10, dont la différence est encore 2. Ajoutez une dixaine à 5

et à 7, vous formerez 15 et 17, qui différeront aussi de 2. Ajoutez 4 dixaines ou 40, vous obtiendrez 45 et 47, qui différeront aussi de 2.

Prenons maintenant deux nombres 648 et 275, tels que le deuxième chiffre 7 du petit surpasse le deuxième chiffre 4 du grand. Nous pourrons, sans altérer la différence des deux nombres, écrire 10 au-dessus de 4, pour l'ajouter à ce chiffre, et écrire 1 au-dessous de 2, pour l'ajouter aussi à ce chiffre ; car en augmentant 4 de 10, on augmente le grand nombre 648 de 10 dixaines ou d'une centaine,

$$\begin{array}{r} {\overset{\scriptscriptstyle 1\,0}{6}}48 \\ 275 \\ \underline{_{1}} \\ 373 \end{array}$$

et en ajoutant 1 à 2, on accroît le petit nombre 275 également d'une centaine. Or, alors nous pouvons faire la soustraction, en disant : 5 de 8, reste 3 ; 7 de 14 reste 7 ; 1 et 2 font 3 ; 3 de 6, reste 3. La différence de 275 à 648 est donc 373.

D. Que fait-on sur la différence de deux nombres, lorsqu'on en ajoute un troisième à chacun ?

R. L'addition d'un même nombre à deux autres ne change nullement leur différence : celle des deux nouveaux nombres est la même que celle des deux premiers.

D. Comment ferez-vous, quand un chiffre du petit nombre surpassera son correspondant du grand ?

R. Si, dans une soustraction, un chiffre du nombre inférieur surpasse celui duquel il doit être ôté, j'ajouterai *dix* au chiffre

du haut de cette colonne, afin de pouvoir faire la soustraction ; puis, par compensation, j'ajouterai *un* au chiffre du bas de la colonne suivante. Comme cette unité vaut 10 par rapport au rang précédent, j'aurai ajouté le même nombre aux deux nombres donnés, et leur différence ne sera pas changée.

EXEMPLE : *On avait* 40429ᶠ *et l'on a dépensé* 13453ᶠ. *Combien reste-t-il ?*

$$
\begin{array}{r}
40\,429^{\mathrm{f}} \\
13\,453 \\
\hline
26\,976
\end{array}
$$

Je dis : 3 de 9, reste 6 ; 5 de 12, reste 7 ; 1 et 4 font 5 ; 5 de 14, reste 9 ; 1 et 3 font 4 ; 4 de 10, reste 6 ; 1 et 1 font 2 ; 2 de 4, reste 2. Il reste donc 26976ᶠ.

D. Ne peut-on pas abréger la soustraction ?

R. La soustraction peut être abrégée par la suppression de mots et de phrases qu'il n'est pas indispensable de prononcer : d'abord, il n'est pas nécessaire de répéter sans cesse le mot *reste*, et au lieu de faire à haute voix l'addition d'une unité à un chiffre du nombre inférieur, quand on a augmenté de 10 le chiffre d'en haut de la colonne précédente, il convient d'opérer cette addition par la pensée seulement.

EXEMPLE : Pour la soustraction précédente, je dirai simplement : 3 de 9, 6 ; 5 de 12, 7 ; 5 de 14, 9 ; 4 de 10, 6 ; 2 de 4, 2. Imitez cette manière de procéder, si vous voulez devenir bon calculateur.

SEIZIÈME LEÇON.

D. Comment se fait la preuve d'une soustraction?

R. La preuve d'une soustraction consiste à faire l'addition de la différence et du petit nombre. Il est clair que si les deux opérations sont bien faites, on doit trouver le grand nombre pour total, car la différence est ce qui manque au nombre inférieur, pour égaler le supérieur.

L'addition se fait de bas en haut, afin de n'avoir rien à écrire: à mesure qu'on trouve le total de chaque colonne, on observe s'il reproduit le chiffre correspondant du grand nombre.

EXEMPLE: Pour savoir si la soustraction précédente est bonne, je dis: 9, sur la première colonne, en allant du 6 au 5; sur la deuxième, je dis: 12, report 1; sur la troisième, je dis: 10, 14, report 1; sur la quatrième, je dis: 7, 10, report 1; enfin, sur la cinquième, je dis: 3, 4. Comme j'ai trouvé pour total tous les chiffres du grand nombre 40 429, j'en conclus que très-probablement la soustraction a été bien faite, et que la différence 26 976^f est exactement celle des deux nombres donnés.

$$40\,429^f$$
$$15\,453$$
$$\overline{26\,976}$$

D. Faut-il que les deux nombres d'une soustraction désignent toujours des choses

de même nature, comme dans les exemples précédents?

R. Le nombre duquel on veut ôter un autre nombre, doit toujours exprimer des choses de même nature que celles de cet autre; car il serait impossible, par exemple, d'ôter un nombre d'arbres d'un nombre de chevaux, puisqu'il n'y a point d'arbres dans des chevaux.

D. De quelle nature doit être l'unité de la différence de deux nombres?

R. L'unité de la différence de deux nombres est toujours de même nature que celle de ces nombres; car si, par exemple, on a un reste, après avoir ôté un nombre de bœufs d'un autre nombre de bœufs, ce reste ne peut être composé que de bœufs.

REMARQUE : Voilà pourquoi, dans les exemples précédents, le grand nombre est le seul qui porte l'indication de l'unité. Le petit nombre et la différence n'ont pas besoin de recevoir la première lettre du nom de cette unité, puisqu'ils sont toujours de même nature que le nombre supérieur.

PROBLÈME : Un fermier laboure, chaque année, 643 mesures de terre. Il en a déjà labouré 193, dans le mois d'octobre, et 365, en novembre. Combien a-t-il encore de mesures à labourer?

Solution : Je cherche d'abord la somme des mesures labourées, en additionnant 193 et 365; j'obtiens 558. Je dois ensuite ôter

cette somme de 643, nombre total des mesures à labourer, pour savoir combien il en reste. La soustraction apprend que le fermier doit labourer encore 85 mesures.

Voici comment se dispose le calcul.

193^m	643^m	(Faites un grand nombre de
565	558	soustractions et leurs preuves, en
558	85	vous proposant des questions analogues aux précédentes.)

DIX-SEPTIÈME LEÇON.

MULTIPLICATION.

Préparation : Il n'y a vraiment que deux opérations dans l'Arithmétique : l'addition et la soustraction. Mais les calculs deviendraient souvent fort longs, fort pénibles, si l'on était obligé de faire toujours ces deux opérations d'après les règles précédemment établies.

Supposons qu'un journalier, gagnant 2^f par journée, veuille savoir combien il gagnera dans toute l'année, ou en 307 jours de travail. Pour y parvenir par l'addition ordinaire, il serait obligé d'écrire le nombre 2 francs, 307 fois dans une colonne, et d'additionner ensemble 307 chiffres. Or, il prendrait beaucoup moins de peine et aurait bien plus tôt terminé, s'il savait le moyen de trouver tout de suite combien font 307 fois 2^f. Ce moyen est donné par la règle de la *multiplication;* car calculer d'une manière prompte et facile, le total que produirait le nombre 2^f, s'il était répété 307 fois, c'est *multiplier* ce nombre par 307.

D. Qu'est-ce que la multiplication?

R. La multiplication est l'abrégé d'une addition de nombres égaux. Elle fait trouver brièvement le total que donnerait une colonne formée d'un seul nombre répété plusieurs fois.

EXEMPLE : Pour connaître la somme d'une colonne formée de huit 5, il faudrait écrire ces huit 5 et dire, en procédant par addition, 10, 15, 20, 25, 30, 35, 40, et nommer au moins sept nombres. En procédant par multiplication, on dit simplement : 8 fois 5, 40. Ainsi, quatre paroles à prononcer au lieu de sept, et trois nombres à écrire au lieu de 9. Il y a donc avantage, même dans ce simple cas, à remplacer l'addition par la multiplication.

D. Comment nomme-t-on les trois nombres principaux d'une multiplication?

R. Bien que le résultat d'une multiplication soit un véritable total, on lui a donné le nom particulier de *produit*. Le nombre qui doit être multiplié, est appelé *multiplicande;* le nombre qui indique combien de fois il faudrait répéter le multiplicande, est le *multiplicateur,* et ces deux nombres ensemble sont nommés *facteurs* du produit, parce que ce sont eux qui le font.

Le produit s'appèle aussi quelquefois *multiple* de l'un des facteurs.

EXEMPLE : Lorsqu'on dit **2** fois 3 font 6, ce

3*

nombre 6 est le produit, 3 et 2 en sont les
facteurs, 3 est le multiplicande, 2 le multiplicateur, et 6 est un multiple de 3 ou de 2.

OBSERVATION : Pour être en état d'exécuter la
multiplication dans tous les cas, il faut savoir
par cœur les produits de chacun des neuf
chiffres multipliés successivement par tous. On
trouve aisément un tel produit par la voie de
l'addition, car on n'a jamais à faire la somme
de plus de neuf chiffres. Par exemple, 4 fois
6 font 24, parce que 6 et 6 font 12, que 12
et 6 font 18 et que 18 et 6 font 24. Si vous
additionnez sept fois 8, vous trouverez 56, et
vous en conclurez que 7 fois 8 font 56. C'est
ainsi qu'on a formé la *table de multiplication*,
qui donne aux élèves le moyen d'apprendre
aisément les 81 produits des neuf chiffres.

TABLE DE MULTIPLICATION.

1	fois	1	fait	1
1		2		2
1		3		3
1		4		4
1		5		5
1		6		6
1		7		7
1		8		8
1		9		9

2	fois	2	font	4
2		3		6
2		4		8
2		5		10
2		6		12
2		7		14
2		8		16
2		9		18

3	fois	3	font	9
3		4		12
3		5		15
3		6		18
3		7		21
3		8		24
3		9		27

4	fois	4	font	16
4		5		20
4		6		24
4		7		28
4		8		32
4		9		36

5	fois	5	font	25
5		6		30
5		7		35
5		8		40
5		9		45

6	fois	6	font	36
6		7		42
6		8		48
6		9		54

7	fois	7	font	49
7		8		56
7		9		63

8	fois	8	font	64
8		9		72

9	fois	9	font	81

REMARQUE : Cette table ne renferme que 45 produits, au lieu de 81, attendu qu'on sait le produit d'un chiffre multiplié par un chiffre

plus grand, quand on connaît le produit du second multiplié par le premier. Par exemple, le produit de 4 fois 3 est 12, comme celui de 3 fois 4, ce dont on peut s'assurer aisément au moyen de deux additions.

DIX-HUITIÈME LEÇON.

D. Que doit exprimer le produit d'une multiplication?

R. Le produit d'une multiplication doit avoir la même unité que le multiplicande, car il est le total qu'on trouverait, si l'on faisait l'addition de ce multiplicande répété autant de fois que l'indique le multiplicateur.

EXEMPLES : *Combien font 3 fois 7 francs?*
Le produit de 7^f multipliés par 5 est 35 francs, parce que l'addition d'une colonne où 7^f seraient écrits 5 fois, donnerait 35^f pour total.

Combien coûtent 4 pains à 6 centimes pièce?
Pour répondre, il faut répéter 6^c autant de fois qu'il y a de pains, ou multiplier 6^c par 4. Or, la somme de 6^c répétés 4 fois, est de 24^c. Donc, 4 fois 6^c donnent aussi 24^c.

D. Faut-il faire attention à la nature de l'unité du multiplicateur?

R. La nature des choses qu'exprime le multiplicateur, n'a aucune influence sur le produit, car le multiplicateur indiquant toujours combien de fois devrait être ré-

pété le multiplicande, peut être regardé, dans tous les cas, comme n'exprimant qu'un nombre de fois.

D. Que doit-on obtenir, si l'on multiplie des dixaines, des centaines, etc. ?

R. Lorsqu'on multiplie des dixaines par un nombre, on doit obtenir des dixaines, puisque le produit est toujours de même nature que le multiplicande. De même, on doit avoir au produit des centaines, si l'on multiplie des centaines ; des mille, si l'on multiplie des mille, et ainsi de suite.

Exemple : *Combien font 4 fois 3436?*

Comme la table de multiplication n'indique pas le produit d'un nombre aussi grand que 5436, je décompose la multiplication proposée en autant de petites multiplications qu'il y a de chiffres dans le multiplicande. Je dis d'abord 4 fois 6 unités font 24 unités, puis 4 fois 3 dixaines font 12 dixaines ou 120, puis 4 fois 4 centaines font 16 centaines ou 1 600, et enfin 4 fois 5 mille font 12 mille ou 12 000. Le produit total se compose donc des 4 produits suivants : 24, 120, 1 600, 12 000. Additionnant ces nombres, je trouve que 4 fois 5436 font 13 744.

DIX-NEUVIÈME LEÇON.

Préparation : On évite de faire une addition, en écrivant seulement les unités simples, les unités de dixaines, de centaines, etc., et *reportant* les dixaines de chaque produit sur le

suivant. Il faut alors disposer le calcul comme
ci-contre, pour qu'il y ait de l'ordre,
et dire : 4 fois 6 font 24: dans 24 unités, il y a 4 unités et 2 dixaines ; je
pose 4 au dessous des unités du multiplicande et je reporte 2 au produit
des dixaines. On dit ensuite : 4 fois 3 font
12 et 2 de report font 14 dixaines; dans 14
dixaines, il y a 4 dixaines et une dixaine de
dixaine ou une centaine; je pose 4 au-dessous
des dixaines du multiplicande et je reporte 1
au produit des centaines. Pour faire ce produit, je dis : 4 fois 4 font 16 et 1 de report
font 17 ; dans 17 centaines, il y a 7 centaines
et une dixaine de centaine ou un mille; je
pose 7 au-dessous des centaines du multiplicande et je reporte 1 au produit des mille.
Enfin, multipliant les mille, je dis : 4 fois 3
font 12 et 1 de report font 13. Comme il
n'y a plus d'autre produit à former, je pose les
13 mille au-dessous des mille du multiplicande.

3436
4
_____
13744

Le résultat 13744 est bien le produit de
3436 par 4, puisque pour former le premier
nombre, on a répété 4 fois chacune des parties du second.

D. Quelle est la règle de la multiplication d'un nombre de plusieurs chiffres,
par un seul chiffre?

R. Pour multiplier un nombre de plusieurs chiffres par un seul, on écrit le
chiffre multiplicateur sous les unités du
multiplicande; puis on fait un trait, comme
dans la soustraction, et c'est sous ce trait

que se place le produit. La multiplication commence par celle du premier chiffre à droite du multiplicande. Si le premier produit est moindre que 10, on l'écrit au-dessous du chiffre qui l'a fourni; s'il surpasse 9, on écrit seulement les unités qu'il renferme, ou 0 quand il n'en a pas, et les dixaines sont reportées sur le produit des dixaines. On agit d'une manière analogue pour ce second produit, puis pour celui des centaines, puis pour celui des mille, etc., observant de placer toujours les unités de chacun, au-dessous du chiffre multiplicande qui l'a donné. Le produit du dernier chiffre à gauche du multiplicande est le seul qui s'écrive tout entier, tel que l'a fait le report.

D. Est-il possible d'abréger la multiplication?

R. Si l'on veut exécuter rapidement une multiplication, il faut se borner à dire combien de fois on prend chaque chiffre du multiplicande, à énoncer chaque produit, sans prononcer le mot *font,* et à indiquer le report.

EXEMPLE : *Combien fera-t-on de lieues, si l'on parcourt 7 fois une route de 164 lieues?*

$$164^{li}$$
$$7$$
$$\overline{1\,148^{li}}$$

Pour répondre à cette question, je dis : 7 fois 4, 28, report 2; 7 fois 6 42, 44, report 4; 7 fois 1, 7, 11. Je trouve ainsi qu'on fera en tout 1 148 lieues.

PRÉPARATION : Cherchons maintenant à établir une règle pour le cas où le multiplicateur a plusieurs chiffres, et afin de fixer les idées, multiplions 638 par 247. Après avoir multiplié 638 par 7, comme précédemment, et obtenu 4 466, il faudra encore le multiplier par **4** dixaines ou 40, et par **2** centaines ou 200, puisque 638 devrait être répété 247 fois. Or 4 fois 638 font 2 552; par conséquent, 40 fois **638** font 25 520, car ce produit doit être dix fois plus grand que l'autre, comme 40 est dix fois plus grand que 4, et l'on rend un nombre dix fois plus grand, en y écrivant un zéro à droite. De même, puisque 200 est 100 fois plus grand que 2, et que 2 fois 638 donnent 1 276, on a 127 600 pour 200 fois 638; car ce produit doit être aussi 100 fois plus grand que 1 276, et l'on rend un nombre 100 fois plus grand, en y écrivant deux zéros à droite.

Le produit total de 247 fois 638 se compose donc des *trois produits partiels* 4 466, 25 520, 127 600. L'addition de ces trois nombres donne 157 586.

$$
\begin{array}{r}
638 \\
247 \\
\hline
4\,466 \\
25\,52 \\
127\,6 \\
\hline
157\,586
\end{array}
$$

Mais remarquez que nous pouvons, en disposant le calcul comme ci-contre, nous dispenser d'écrire un zéro à la suite de 2 552 et deux zéros à la suite de 1 276; pourvu que le second produit partiel commence au-dessous du chiffre 4 qui le donne, ses unités seront au rang des dixaines; pourvu que le troisième produit partiel commence au-dessous du chiffre 2 qui le donne, ses unités seront au rang des centaines. Un

autre avantage de cette disposition, c'est que les produits partiels se trouvent placés comme il convient, pour être additionnés.

D. Quelle est la règle de la multiplication, quand le multiplicateur a plusieurs chiffres?

R. Lorsque le multiplicateur a plusieurs chiffres, on les écrit au-dessous de ceux de même rang du multiplicande, puis on multiplie successivement par chacun de ces chiffres, comme s'il était seul. Il en résulte autant de produits partiels qui doivent être écrits de façon que chacun commence au-dessous de son chiffre multiplicateur. Après que le dernier est terminé, on fait l'addition de tous ces produits partiels, et leur somme est le produit total cherché.

VINGTIÈME LEÇON.

D. Comment se fait la multiplication d'un nombre par l'unité suivie d'un zéro ou de plusieurs?

R. Pour multiplier un nombre par l'unité suivie de zéros, il suffit d'y écrire à droite autant de zéros qu'en a le multiplicateur; car multiplier par 100, par exemple, c'est centupler le multiplicande ou le rendre cent fois plus grand, et l'on rend un nombre 100 fois plus grand, en y écrivant deux zéros à droite.

EXEMPLES : *Multipliez* 16 *par* 10, 8 *par* 100, 24 *par* 1 000.

J'écris un zéro à la droite de 16 et j'ai 160 pour 10 fois 16. J'écris deux zéros à droite de 8 et j'ai 800 pour 100 fois 8. J'écris trois zéros à droite de 24 et j'ai 24 000 pour 1 000 fois 24.

D. Peut-on abréger la multiplication, quand les facteurs sont terminés par des zéros ?

R. Lorsqu'un des facteurs ou les deux sont terminés par des zéros, on fait la multiplication sans avoir égard à ces zéros, et ensuite on écrit à droite du produit total autant de zéros qu'en ont ensemble, à droite, les deux facteurs.

DÉMONSTRATION : Si vous laissez de côté, par exemple, deux zéros au multiplicande, vous le rendez 100 fois moindre, et le produit total est aussi 100 fois moindre qu'il ne doit être. Si le multiplicateur est terminé par un zéro et que vous n'ayez point égard à ce zéro, c'est comme si vous rendiez le facteur 10 fois plus petit. Le produit total est donc encore 10 fois plus petit qu'il n'était. Ainsi ce produit, déjà 100 fois trop petit, se trouve rendu encore 10 fois moindre ; il est donc en réalité 1 000 fois moindre qu'il ne doit être, puisque 10 fois 100 font 1 000. Par conséquent vous devez, pour lui donner sa vraie valeur, le rendre 1 000 fois plus grand qu'il n'est, et c'est ce que vous faites, en y écrivant trois zéros à droite.

EXEMPLE : *Multipliez 670 par 400.*

670
400
——————
268 000

Je multiplie 67 par 4, en observant de faire commencer au-dessous du 4, le produit 268 ; puis j'écris trois zéros à droite de ce produit, parce qu'il y en a un au multiplicande et deux au multiplicateur. J'obtiens ainsi 268 000 pour 400 fois 670.

D. Que fait-on des zéros qui se trouvent entre deux chiffres du multiplicateur ?

R. S'il y a un ou plusieurs zéros entre deux chiffres du multiplicateur, on les passe, car leur produit est nul : un nombre quelconque multiplié par zéro donne zéro, puisque ce multiplicateur indique que le nombre ne doit pas même être pris une seule fois.

EXEMPLE : *Multipliez 338^f par 206.*

338^f
206
——————
2 028
67 6
——————
69 628^f

Je fais le produit de 338^f par 6 ; puis je passe le zéro de 206, et je procède à la multiplication de 338^f par 2, observant de faire commencer au-dessous du chiffre multiplicateur 2, le produit partiel 676.

D. Que doit-on faire dans le cas où des zéros se trouvent entre deux chiffres du multiplicande ?

R. Le produit de zéro multiplié par un chiffre quelconque est zéro, car une colonne de zéros, quelque longue qu'elle soit, ne donne rien par l'addition. Si

donc il y a un zéro entre deux chiffres du
multiplicande, on doit, sans le multiplier, écrire sur-le-champ le report, et lorsque le produit précédent n'a point donné de
report, on écrit 0 à la suite de ce produit.

EXEMPLES : *multiplier 406 moutons par 7.*

$$406^m$$
$$7$$
$$\overline{2842^m}$$

Je dis : 7 fois 6, 42, et j'écris ces
42 unités, parce que le produit suivant de 0 par 7, est nul. Je dis ensuite : 7 fois 4, 28, et j'ai pour
produit total 2842 moutons.

Multiplier 9004 *par* 3.

$$9004$$
$$3$$
$$\overline{27012}$$

Je dis : 3 fois 4, 12, et j'écris ces
12 unités, à cause du zéro qui suit 4.
A gauche de 12, j'écris 0, puisqu'il
n'y a plus de report et qu'un deuxième
zéro suit le premier. Puis je dis : 3
fois 9, 27, et j'ai pour produit total 27012.

VINGT-UNIÈME LEÇON.

D. Comment se fait la preuve d'une
multiplication ?

R. Pour reconnaître si le produit d'une
multiplication est exact, j'additionne les
chiffres du multiplicande, en allant de
gauche à droite ; j'ôte 9 de la somme,
à mesure que je puis l'ôter, et j'écris le
reste sur la ligne du multiplicande. Après
avoir fait la même opération sur le multiplicateur, je multiplie les deux restes
l'un par l'autre ; sans écrire leur pro-

duit, j'en additionne les deux chiffres, pour en ôter les 9, et j'ai un troisième reste que j'écris au-dessous des deux premiers. Traitant enfin le produit total comme ses deux facteurs, j'obtiens un quatrième reste qui égale le troisième, si la multiplication a été bien faite. Cette rapide vérification est appelée *preuve par neuf.*

EXEMPLES : Pour éprouver la multiplication ci-contre, je dis, sur le multiplicande : 6 et 7 font 13, ôté 9, reste 4. Je passe 9, car devant être ôté, il est inu-tile de l'ajouter. Puis je dis : 4 et 8 font 12, ôté 9, reste 3 ; 3 et 2 font 5 que j'écris. Mais, pour opérer plus rapidement, il convient de faire les additions et les soustrac-tions par la pensée. Je me bornerai donc à dire, 13, 4, 12, 3, 5.

67 982	5
5 394	3
271 928	6
611 838	
205 946	
339 910	
566 694 908	6

Passant au multiplicateur : je dis, 8, 12, 3, et j'écris ce reste 3 au-dessous du premier reste 5. Multipliant 5 par 3, j'ai 15 ; mais au lieu d'écrire 15, j'écris 6, somme de ses chiffres, qui est l'excès de 15 sur 9. Si cette somme surpassait 9, j'en ôterais ce nombre et n'écrirais que le reste au-dessous de 3.

Enfin, pour le produit total, je dis : 9, 12, 3, 7, 15, 6. Comme ce quatrième reste 6 égale le troisième, j'en conclus que le résultat de la multiplication est très-probablement exact.

PRÉPARATION : Si l'on trouvait l'opération fausse, on pourrait découvrir l'erreur. Il faudrait à cette fin éprouver chaque produit partiel. Pour éprouver le premier 271 928, je multiplie le reste 5 du multiplicande par 4, chiffre multiplicateur qui a donné le produit ; j'ai 20, et 2, en additionnant les chiffres de 20. J'additionne ensuite ceux de 271 928 et je dois trouver aussi 2 pour reste.

Le second produit partiel doit donner 0 pour 4ᵉ reste; car le reste 5, multiplié par 0, reste du chiffre multiplicateur 9, donne 0 pour troisième reste.

Le troisième produit partiel doit donner 6, puisque son chiffre multiplicateur est 5, et que 5 fois 5 font 15 qui donnent 6.

Le quatrième produit partiel 359 910 doit fournir 7 pour reste, attendu que son chiffre multiplicateur est 5, et que 5 fois 5 font 25 qui donnent 7.

La preuve par 9 montre-t-elle que tous les produits partiels sont bons, on en conclut que l'erreur a été commise dans leur addition et l'on vérifie cette opération.

D. Est-il indispensable de recommencer une multiplication fausse ?

R. La preuve par 9 appliquée à chaque produit partiel donne le moyen de reconnaître promptement l'erreur commise dans une multiplication, et de la corriger. Il n'est donc pas nécessaire de recommencer l'opération.

PRÉPARATION : J'ai acheté 1 256 mesures de

grain à 8ᶠ la mesure. Combien dois-je payer?

Solution : Il faudrait pour résoudre ce problème, répéter 1 256 fois 8ᶠ. On doit donc multiplier 8ᶠ par 1 256. Or, cette manière de procéder donne quatre produits partiels, tandis qu'on a, en un seul produit, le même résultat numérique, si l'on multiplie 1 256 par 8ᶠ. Il est donc beaucoup plus simple d'opérer ainsi : mais bien qu'on puisse placer alors 8ᶠ au multiplicateur, il n'en est pas moins le véritable multiplicande du problème, et par conséquent, le produit doit exprimer des francs, comme ce nombre.

$$
\begin{array}{rr}
1\,256 & 5 \\
8^{\mathrm{f}} & 8 \\
\hline
10\,048^{\mathrm{f}} & 4 \\
\end{array}
$$

D. Doit-on toujours multiplier par le nombre que la question indique pour multiplicateur?

R. Lorsque le nombre donné par la question pour multiplicande, a moins de chiffres que celui qui est indiqué pour multiplicateur, on a coutume, afin de simplifier et d'abréger le calcul, de renverser l'ordre des deux facteurs et de multiplier par le multiplicande. Cela ne change nullement le résultat, si, après avoir ainsi opéré, on a soin de donner au produit total, le même signe indicateur, la même lettre initiale qu'au vrai multiplicande, c'est-à-dire l'indication d'unité qu'exige la réponse.

(Faites un grand nombre de multiplications et leurs preuves par 9, en vous proposant des problèmes analogues aux précédents.)

VINGT-DEUXIÈME LEÇON.

DIVISION.

PRÉPARATION : Proposons-nous ce problème : Un voyageur qui ne fait que 6 lieues par jour, a 744 lieues à parcourir; combien de jours emploiera-t-il à son voyage?

Solution : Il est visible que chaque jour le voyageur ôtera 6 lieues des 744 qu'il doit faire, et qu'il devra marcher pendant autant de jours que 6 peut être ôté de fois du nombre 744, ou que 6 est contenu de fois dans 744.

Certaines questions exigent donc qu'on soustraie plusieurs fois le même nombre d'un autre, ou qu'on recherche combien de fois le dernier contient le premier.

AUTRE PROBLÈME : Une somme de 7 980^f doit être partagée également entre 15 familles victimes d'un incendie; combien revient-il à chacune?

Solution : Donnons d'abord un franc à chaque famille; nous ôterons 15^f de 7 980^f. Pour donner encore un franc, il faudra ôter 15 autres francs du reste de 7 980^f. Chaque famille recevra donc autant de francs, que nous pourrons soustraire de fois 15^f de 7 980^f, ou que 15 est contenu de fois dans 7 980.

Ainsi, les questions où il s'agit de faire des parts égales, conduisent aussi à soustraire plusieurs fois un même nombre d'un autre.

Mais il serait fort long, dans l'un et l'autre cas, d'employer uniquement la soustraction ordinaire. Pour abréger le calcul, on a inventé

la *division*, c'est-à-dire une opération qui diminue de beaucoup le nombre des soustractions à faire ; et le nom de *division* a été bien choisi, car chercher combien de fois un nombre en contient un autre, revient à chercher en combien de parties égales au second le premier peut être divisé. Le nombre 6, par exemple, contient 2 trois fois, parce qu'il peut être divisé en trois parties égales à 2 : le nombre 6 est en effet le total de 2, 2 et 2.

D. Qu'est-ce que la division ?

R. La division est une opération de calcul qui diminue de beaucoup les soustractions à faire pour trouver combien de fois un nombre en contient un autre.

D. Comment se nomment les trois nombres principaux d'une division ?

R. Le nombre qui doit être divisé est nommé *dividende* ; celui qu'on en soustrait ou qui indique la division à faire, est appelé *diviseur* ; le nombre qui montre combien de fois le dividende contient le diviseur, est dit *quotient* ; enfin les deux premiers sont souvent désignés sous le nom de *termes de la division*.

EXEMPLE : Lorsqu'on divise 12 par 4 ou en 4 parties égales, le nombre 12 est le dividende, 4 est le diviseur, 3 qui exprime combien 12 contient de fois 4, est le quotient, et les deux nombres 12 et 4 sont les termes de la division.

D. Comment trouveriez-vous le divi-

dende, si l'on vous donnait le diviseur et le quotient?

R. Puisque le quotient exprime le nombre de fois que le dividende contient le diviseur, il est clair qu'en répétant le diviseur autant de fois que l'indique le quotient, ou en multipliant le diviseur par le quotient, on doit reproduire le dividende.

EXEMPLE : Si je multiplie le diviseur 4 par le quotient 3 ou le quotient 3 par le diviseur 4, j'obtiens pour produit le dividende 12.

D. Comment trouve-t-on le quotient d'un chiffre divisé par un chiffre?

R. Lorsqu'on sait bien la table de multiplication, il est très-facile de trouver le quotient d'un chiffre divisé par un chiffre; car on voit tout de suite par quel chiffre il faudrait multiplier le diviseur, pour produire le dividende, et ce chiffre multiplicateur est précisément le quotient cherché.

EXEMPLES : *En* 8 *combien de fois* 2?
La réponse ou le quotient est 4, parce que 4 fois 2 font 8.

En 7 *combien de fois* 3?
Le vrai quotient tombe entre 2 et 3; car 2 fois 3 font 6 qui est moindre que 7, et 3 fois 3 font 9 qui est plus grand que 7. Le nombre 2, le plus petit des deux multiplicateurs, est pris, dans ce cas, pour le quotient; mais il n'est qu'un *quotient approximatif,* ou incomplet.

VINGT-TROISIÈME LEÇON.

D. Comment trouve-t-on le quotient d'un nombre de deux chiffres, divisé par un chiffre supérieur à celui des dixaines?

R. Lorsque le dividende a deux chiffres et que le diviseur, formé d'un seul chiffre, est supérieur aux dixaines, le quotient ne peut avoir qu'un chiffre, car s'il était 10, le produit du diviseur par ce nombre aurait trop de dixaines. La table de multiplication suffit donc aussi pour trouver ce quotient: quand on la sait bien, on voit tout de suite par quel chiffre il faut multiplier le diviseur pour produire le dividende, et c'est ce chiffre qui est le quotient cherché.

EXEMPLES: *En 45 combien de fois* 9?

Le quotient complet est 5, parce que 5 fois 9 font 45. Comme le diviseur 9 est supérieur à 4, chiffre des dixaines du dividende, le quotient ne peut avoir deux chiffres; car il serait au moins 10, et 9 multiplié par 10, donnerait 90, nombre qui, contenant plus de dixaines que 45, surpasse ce dividende.

En 38 combien de fois 7?

Le quotient approximatif est 5, parce que 5 fois 7 font 35 et que 6 fois 7 font 42.

PRÉPARATION: Puisqu'après la division de 48 par 8, on peut aussi bien reproduire le dividende en multipliant le quotient 6 par le diviseur, qu'en multipliant le diviseur par ce quotient, le diviseur 8 marque combien de

fois le quotient 6 est contenu dans le dividende, et par conséquent, le quotient est une
des parties du dividende divisé en autant de
parties égales qu'il y a d'unités dans le diviseur. Si vous divisez 48 en 8 parties égales,
chaque partie sera 6, tandis que le même
nombre divisé en autant de parties égales que
le marque le quotient 6, donnerait 8 pour
chaque partie.

D. De combien de manières peut-on
considérer le quotient d'une division?

R. Le quotient d'une division peut être
considéré de deux manières : comme le
nombre de fois que le dividende contient
le diviseur, et comme une partie du dividende, qui s'y trouve contenue autant
de fois que l'indique le diviseur.

Exemples : Si l'on demande à combien de
personnes on pourrait donner 4^f avec une
somme de 32^f, il faudra chercher combien il y
a de fois 4^f dans 32, et le quotient 8 sera ce
nombre de fois ; il indiquera aussi le nombre
de personnes demandé, puisque la réponse
doit être un nombre de personnes.

Si l'on veut savoir combien recevraient 8
personnes, entre lesquelles on partagerait 32^f,
il faudra chercher un nombre de francs contenu 8 fois dans 32^f, et le quotient 4 de 32 divisé par 8 sera ce nombre de francs.

D. Dans quel cas le quotient est-il un
nombre de fois?

R. Le quotient exprime le nombre de

fois que le dividende contient le diviseur, quand les deux termes de la division ont la même unité. Cependant, la réponse qu'exige la question, impose d'ordinaire alors une autre espèce d'unité à ce quotient.

D. Dans quel cas le quotient est-il une partie du dividende ?

R. Le quotient est une partie du dividende, lorsque les deux termes de la division n'ont pas la même unité. Alors, la question exige qu'il soit de même nature que le dividende.

VINGT-QUATRIÈME LEÇON.

D. Comment se nomme chaque partie d'une chose divisée en un certain nombre de parties égales ?

R. Lorsqu'une chose est divisée en parties égales, on forme ordinairement le nom de chacune, en énonçant le nombre des parties et ajoutant la terminaison *ième*.

EXEMPLES : Chaque partie d'une chose divisée en 8 parties égales, est une huit*ième* partie ou plus simplement un huit*ième* de cette chose.

Si une chose est divisée en 27 parties égales chacune est une vingt-sept*ième* partie ou plu simplement un vingt-sept*ième*.

Chaque partie d'une chose, d'une pomme par exemple, divisée en 4 parties égales, est une quatr*ième* partie ou un *quart*.

Chaque partie d'une chose divisée en trois parties égales, est une *troisième* partie ou un *tiers*.

Chaque partie d'une chose divisée en deux parties égales, est une *deuxième* partie ou une *demie* ou une *moitié*.

D. A quoi revient la recherche d'une partie indiquée d'un nombre?

R. Chercher une partie indiquée d'un nombre, revient à le diviser par le nombre dont est formé le nom de cette partie.

EXEMPLES : *Quel est le septième de 42?*

Le nombre qui forme le nom du septième ou septième partie, est 7 ; en d'autres termes, le septième d'un nombre est un quotient qui s'y trouve contenu 7 fois. Je divise donc 42 par 7, et j'obtiens 6 pour le septième demandé.

Quel est le quart de 56?

Prendre le quart de 56, c'est diviser 56 par 4, puisque le quart ou quatrième partie doit son nom au nombre 4. Le quart demandé est donc 9.

PRÉPARATION : Huit sacs d'une certaine graine ont coûté 296^f. A combien revient le sac?

Solution : On aurait le prix de chaque sac, en partageant également 296^f entre les 8 ; ce prix est donc la huitième partie de 296^f, c'est-à-dire le quotient de 296^f divisés par 8, et pour le trouver, il faut soustraire 8 de 296 autant de fois que cela est possible.

Si nous observons que 8 multiplié par une

dixaine ou 10, donne seulement 80, nombre bien moindre que 296, nous verrons que le quotient doit contenir des dixaines, pour que son produit, par le diviseur, donne le dividende. Mais il ne peut pas renfermer des centaines, attendu que 8 fois 100 font 800, nombre supérieur à 296.

Or, les dixaines du quotient doivent être cherchées dans les 29 dixaines du dividende, car elles ne peuvent faire partie des 6 unités. Je dis donc le huitième de 29 est 3 pour 24, reste 5. J'écris 3, premier chiffre de gauche du quotient, mais je n'écris pas le reste 5 ; il me suffit de le joindre, par la pensée, comme dixaines, aux 6 unités du dividende, pour avoir les 56 unités qui restent de 296, après qu'on en a soustrait 3 dixaines de fois ou 30 fois 8.

Pour trouver ensuite le second chiffre du quotient, je dis : le huitième de 56 est 7 tout juste. J'écris ce 7 à droite du premier chiffre 3 et j'ai 37^f pour le huitième de 296^f ou pour le prix du sac.

Le calcul doit être disposé comme ci-contre. 296^f : 8^s Les deux points remplacent les
37   mots *divisés* par.

Autre problème : La mesure de pommes de terre se vend 4^f. Combien de mesures peut-on acheter avec 948 francs ?

Solution : On peut acheter autant de mesures, que 4^f sont contenus de fois dans 948^f ; mais ce nombre de fois multiplié par 4^f reproduirait le dividende ; il est donc contenu 4 fois dans 948 ; il est donc le quart de 948. Ainsi,

la méthode de calcul employée dans le problème précédent, peut être appliquée à celui-
ci ; seulement l'unité du quotient, au lieu
d'être celle du dividende, sera la mesure,
comme l'exige la question.

Je dis donc : le quart de 9 est 2 pour 8,
reste 1 ; le quart de 14 est 3 pour 12, reste
2 ; le quart de 28 est 7 tout juste.

948^f : 4^f Ainsi, les 948^f donnent le moyen
237^m d'acheter 237 mesures de pommes
            de terre, à 4^f la mesure.

D. Quelle est la règle de la division d'un
nombre de plusieurs chiffres par un seul?

R. Pour diviser un nombre de plusieurs
chiffres par un seul, on écrit le diviseur
à droite du dividende, dont on le sépare
par deux points qui signifient *divisé par*.
Ensuite, on prend à gauche du dividende,
autant de chiffres qu'il en faut pour contenir au moins une fois le diviseur. C'est
sous les unités de ce premier dividende
partiel, que s'écrit le premier chiffre du
quotient. Le reste, s'il y en a un, est joint,
comme dixaines, au chiffre suivant du dividende total, pour former le second dividende partiel ; mais on ne l'écrit pas. On
place le second chiffre du quotient à côté
et à droite du premier, puis on continue
de la même manière, jusqu'aux unités du
dividende total, et l'on donne à celles du
quotient, l'indication qu'exige la réponse
à la question.

D. Que ferez-vous, si un dividende partiel ne contient pas une fois le diviseur?

R. S'il arrive qu'un dividende partiel ne contienne pas même une fois le diviseur, j'écrirai zéro au quotient, puis je joindrai le dividende partiel, comme dixaines, au chiffre suivant du dividende total.

EXEMPLE : *Quelle est la cinquième partie de* 4 025?

Je dis : le cinquième de 40 est 8, le cinquième de 2 est zéro, le cinquième

4 025 : 5　　de 25 est 5. La réponse est donc
　805　　　　805.

VINGT-CINQUIÈME LEÇON.

PRÉPARATION : Une somme de 8 075ᶠ doit être partagée également entre 95 personnes. Combien revient-il à chacune?

Solution : Il faut chercher une partie de 8 075ᶠ, qui s'y trouve contenue 95 fois; en d'autres termes, il faut prendre la quatre-vingt-quinzième partie de 8 075ᶠ pour avoir la réponse.

Le premier dividende partiel doit être 807 dixaines, car 80 ne contient pas même une fois 95. Le quotient n'aura donc que des dixaines et des unités. Comme il m'est impossible de dire tout de suite combien de fois 807 contient 95, je considère seulement les 80 dixaines de 807 et les 9 dixaines de 95, et je dis : en 80 combien de fois 9? 8 fois pour 72. Mais j'ignore si 807 contient 95, autant de fois

que 80 contient 9. Je dois donc essayer le quotient 8 avant de l'écrire. C'est ce que je fais, en multipliant 95 par 8 et retranchant le produit du dividende partiel 807. Je dis sans rien écrire ; 8 fois 5, 40, de 47, report 4; 8 fois 9, 72, et 4, 76, moindre que 80. Je vois ainsi que 8 fois 95 peuvent être ôtées de 807, et j'en conclus que 8 convient pour premier chiffre du quotient.

Remarquez que je passe sous silence les restes de la soustraction ; j'ai seulement besoin de connaître le report 4, c'est-à-dire le nombre des dixaines qu'on devrait ajouter aux unités 7 de 807, pour pouvoir soustraire effectivement le premier produit 40 ; car mon but est simplement de reconnaître si la soustraction de 8 fois 95 est possible.

Remarquez encore qu'ayant ajouté 4 dixaines aux unités de 807, pour diminuer facilement ce nombre de 40, puis un report de 4 autres dixaines au produit de 8 fois 9, j'ai ajouté le même nombre à 807 et au produit de 8 fois 95, et que, par conséquent, je n'ai nullement altéré la différence de ces deux nombres.

Après avoir reconnu l'exactitude du premier chiffre du quotient, je multiplie le diviseur par ce chiffre et je soustrais réellement le produit de 807 dixaines, afin d'ôter du dividende total 80 fois 95. Je dis donc : 8 fois 5, 40 ; de 47, 7 ; report 4. J'écris le reste 7 au-dessous du chiffre 7 de 807, car provenant de ce chiffre, il exprime des unités de même espèce. Je dis ensuite : 8 fois 9, 72 et 4, 76 ; de 80, 4. J'écris ce reste 4 au-dessous du zéro de 80.

Si à côté de 47, nous *abaissons* le dernier chiffre 5 du dividende total, nous verrons qu'il reste 475, quand on a ôté de 8 075, 80 fois 95. Il faut prendre aussi la quatre-vingt-quinzième partie de ce reste ou nouveau dividende partiel, pour avoir le second chiffre du quotient. On le trouve, comme on a trouvé le premier. Je dis donc : en 47 combien de fois 9? 5 fois; 5 fois 5, 25, de 25, report 2; 5 fois 9, 45, et 2, 47, égal à 47. Ainsi, 5 convient pour second chiffre du quotient, puisque la soustraction peut se faire. Effectuant cette opération, j'obtiens zéro pour reste. Le quotient complet de 8 075^f divisé par 95, est donc 85^f.

Le calcul ne peut plus être disposé comme dans le cas où le diviseur n'a qu'un chiffre, car

8 075^f	95^p
475	85^f
0	

le reste du premier dividende partiel est trop grand pour qu'on se dispense de l'écrire. Il convient donc de se conformer au modèle de calcul ci-contre.

AUTRE PROBLÈME : Un cultivateur dépense, chaque année, pour ses travaux, 12 410 francs. Combien dépense-t-il chaque jour, l'un compensant l'autre?

Solution : Comme l'année est de 365 jours, il faut chercher une partie de 12 410^f, qui s'y trouve contenue 365 fois.

12 410^f	365^j
1 460	34^f
00	

Le premier dividende partiel est 1 241. Le quotient n'aura donc que deux chiffres. Pour trouver le premier, je considère seulement les centaines de 1 241 et

de 365, et je dis : en 12, combien de fois 3 ?
4 fois. L'essai de ce chiffre consiste à multiplier 56 par 4, et à voir si le produit de
dixaines qui en résulte, peut se retrancher des
124 dixaines de 1 241. Je dis donc : 4 fois 6,
24, de 24 report 2 ; 4 fois 5, 12, et 2, 14,
plus grand que 12. Ainsi, la soustraction ne
peut se faire et 4 est trop fort.

J'essaie 3 de la même manière, ou plutôt
je l'écris au quotient sans l'essayer ; évidemment, il n'est pas trop grand, puisque 14 n'a
que 2 unités de trop, et qu'en multipliant le
3 du diviseur par 3, au lieu de le multiplier
par 4, je diminuerai le produit de 3 unités.

Multipliant alors tout le diviseur par 3 et
retranchant le produit de 1 241, j'obtiens pour
reste, 146 ; abaissant le zéro du dividende à
côté de ce reste, j'ai l'excès de 12 410 sur
50 fois 365.

Pour trouver le second chiffre du quotient,
je considère seulement les 14 centaines du dividende partiel 1 460 et les 3 centaines du diviseur, et je dis : en 14, combien de fois 3 ?
4 fois ; 4 fois 6, 24, de 26, report 2 ; 4 fois 3,
12, et 2, 14. Puisque la soustraction peut se
faire, 4 est probablement bon, j'écris donc ce
chiffre au quotient, puis je retranche 4 fois
365 de 1 460. Comme la soustraction ne donne
point de reste, 34 est le quotient complet de
12 410 divisé par 365, et par conséquent, la
réponse à la question est 34 francs.

D. Quelle est la règle de la division,
quand les deux termes ont plusieurs chiffres ?

R. Lorsque le diviseur a plusieurs chiffres, comme le dividende, on l'écrit à droite de ce dernier nombre, sur la même ligne, et on l'en sépare par un trait transversal. Un autre trait, tiré sous ce diviseur, est destiné à le séparer du quotient qui se place au-dessous.

Ces dispositions faites, on marque par un point, sur la gauche du dividende, un premier dividende partiel qui renferme assez de chiffres pour contenir au moins une fois le diviseur. Afin d'avoir le premier chiffre du quotient, il faut diviser par le premier chiffre à gauche du diviseur, le premier chiffre à gauche du dividende partiel, ou les deux premiers, si ce dividende a un chiffre de plus que le diviseur. Comme le chiffre ainsi obtenu, peut être trop grand, on doit l'essayer avant de l'écrire. L'essai consiste à multiplier par ce même chiffre, les deux premiers de gauche du diviseur, et à voir, sans rien écrire, si le produit peut se retrancher des deux premiers ou des trois premiers chiffres de gauche du dividende partiel.

Lorsque la soustraction peut se faire, on multiplie tout le diviseur par le premier chiffre du quotient, et à mesure que se forme le produit, on le soustrait du dividende partiel. Les restes s'écrivent au-dessous de ce dividende. Ils composent le second divi-

dende partiel, avec le chiffre suivant du dividende total, qu'on *abaisse*. Traitant le second dividende partiel absolument de la même manière qu'a été traité le premier, on obtient le second chiffre du quotient et un second reste. A côté de ce reste doit être abaissé un autre chiffre du dividende total pour former un troisième dividende partiel et donner le troisième chiffre du quotient. Enfin, les mêmes opérations se répètent, jusqu'à ce que tous les chiffres du dividende total aient été employés. La division est alors terminée.

VINGT-SIXIÈME LEÇON.

D. Pourriez-vous dire, avant de faire une division, combien de chiffres aura le quotient?

R. On peut toujours savoir à l'avance combien de chiffres aura le quotient. Il suffit, pour cela, de marquer le premier dividende partiel, de compter tous les autres chiffres du dividende total et d'ajouter 1 à leur nombre.

En effet, le premier dividende partiel donne le premier chiffre du quotient, et chacun des autres chiffres du dividende total sert à former un autre dividende partiel qui fournit aussi un chiffre au quotient.

EXEMPLE : *Combien aurait de chiffres le quotient de 31 234 divisé par 250 ?*

Le premier dividende partiel serait 312, et comme il resterait encore deux chiffres, le quotient en aurait trois.

PRÉPARATION : Un fossé de 2 848 mètres doit être fait par 14 terrassiers. Quelle est la tâche de chacun?

Solution : Il faut prendre la quatorzième partie de 2 848^m. Le premier dividende partiel est 28 centaines. Il donne 2 centaines pour quotient, et zéro pour reste. Abaissant le chiffre 4 à côté de ce zéro, je n'ai que 4 dixaines pour second dividende partiel, et 4 ne contient pas 14 ; autrement 4 dixaines de mètres ne peuvent être partagées entre 14 terrassiers. Il n'y aura donc point de dixaines de mètres dans la tâche de chacun. Par conséquent, la place des dixaines du quotient doit être occupée par un zéro.

Pour continuer l'opération et trouver les unités du quotient, j'abaisse le dernier chiffre 8 du dividende total, à côté du 4. Il en résulte que le troisième dividende partiel est 48, que le quotient total ou la tâche cherchée est de 203^m, et qu'il restera encore 6 mètres de fossé à faire, quand chaque terrassier en aura exécuté 203 mètres.

$$
\begin{array}{r|l}
2\,848^m & 14^t \\ \cline{2-2}
048 & 203^m \\
6 &
\end{array}
$$

Le reste qui est donné, comme le nombre 6, par la dernière soustraction, est dit *reste de la division.*

D. Que doit-on faire, lorsqu'un dividende partiel ne contient pas une seule fois le diviseur?

R. Dans le cas où un dividende partiel ne se trouve pas assez grand pour contenir le diviseur, on écrit zéro à droite des chiffres déjà mis au quotient; puis on abaisse de nouveau un chiffre du dividende total, et l'opération se continue comme à l'ordinaire.

VINGT-SEPTIÈME LEÇON.

D. Dans quel cas le quotient est-il complet?

R. Le quotient est complet quand la division n'a point de reste. Alors, le diviseur multiplié par le quotient reproduit exactement le dividende.

D. Dans quel cas le quotient n'est-il qu'approximatif?

R. Le quotient est approximatif ou incomplet, quand la division a un reste. Alors, le produit du diviseur et du quotient est inférieur au dividende; il ne peut l'égaler qu'autant qu'on y ajoute le reste de la division.

Exemple : Si vous divisez 52 par 16, vous trouverez 3 pour quotient et 4 pour reste. Or, 16 multiplié par 3, ne donne que 48, nombre inférieur à 52, et pour reproduire ce dividende, il faut ajouter le reste 4 à 48.

D. Peut-on se former une idée de la différence du quotient approximatif au véritable quotient?

R. La différence du quotient approximatif au vrai quotient est toujours moindre qu'une des plus petites unités du premier; car il suffirait d'augmenter de 1 le dernier chiffre à droite du quotient approximatif, pour obtenir un nombre plus grand que le dividende, en multipliant le diviseur par le quotient.

D. Que signifie *approcher du vrai quotient à moins d'une unité près?*

R. Obtenir un quotient approximatif en unités simples, c'est approcher du vrai quotient à moins d'une unité près; car il ne s'en faut pas de cette unité, qu'on n'ait le vrai quotient.

EXEMPLE : *Approcher à moins d'une unité près du vrai quotient de* 569 *divisé par* 27.

La division donne 13 unités simples pour quotient et 18 pour reste. Comme j'aurais plus de 569, si je multipliais le diviseur 27 par 13 augmenté de 1, c'est-à-dire par 14, il ne s'en faut pas d'une unité que je n'aie le vrai quotient, et par conséquent, j'ai approché de ce vrai quotient à moins d'une unité près.

VINGT-HUITIÈME LEÇON.

D. Comment se fait la preuve d'une division?

R. La preuve par 9 de la multiplication est applicable à la division, car on peut regarder le dividende comme un produit

dont les facteurs sont le diviseur et le quotient, et il est clair que ce dernier nombre sera vérifié, si l'on opère comme s'il s'agissait de vérifier le dividende.

Il faut donc additionner tous les chiffres du diviseur et ôter 9 à mesure qu'on le peut, écrire le reste sur la même ligne, faire une pareille opération sur le quotient, multiplier les deux restes l'un par l'autre, additionner les deux chiffres de leur produit et ôter 9 de la somme, s'il y a lieu. On a par là un troisième reste qui est égal à celui du dividende total, quand la division a été bien faite et n'a pas donné de reste.

Lorsqu'au contraire la division a fourni un reste, on en additionne les chiffres avec le troisième reste de la preuve, ôtant toujours 9, et c'est le quatrième reste qu'on obtient ainsi, qui, dans ce cas, doit être égal à celui du dividende. Le quatrième reste de la preuve s'écrit à gauche du reste de la division et sur la même ligne ; le reste du dividende s'écrit aussi à gauche de ce nombre et sur la même ligne.

EXEMPLE : Pour vérifier la division ci-contre, je dis sur le diviseur :

1	46531	337	4
	1285	138	3
	2721		3
1	25		

je dis sur le diviseur : 6, 13, 4 ; sur le quotient, 4, 12, 3 ; puis, 3 fois 4, 12, 3. Ajoutant ce troisième reste 3 aux chiffres 5 et 2

du reste 25 de la division, je dis : 8, 10, 1. Enfin je dis sur le dividende, en allant aussi de droite à gauche : 4, 9, 10, 1. Comme ce reste 1 est égal au quatrième, il est très-probable que la division a été bien faite, et que le quotient est exact.

D. N'y a-t-il pas un moyen très-prompt de diviser un nombre par l'unité suivie de zéros ?

R. Lorsque le diviseur ne renferme que 1 et des zéros, la division consiste à partager les chiffres du dividende en deux groupes ; celui de droite contient autant de chiffres qu'il y a de zéros dans le diviseur, et forme le reste de la division ; celui de gauche comprend tous les autres chiffres du dividende, et donne le quotient.

Exemples : *Diviser* 234 *par* 10.

Je partage 234 en deux groupes de chiffres : 23 et 4. Celui de gauche 23 est le quotient ; celui de droite 4 est le reste ; il n'a qu'un chiffre, parce que le diviseur 10 n'a qu'un zéro.

Le nombre 23 est bien la dixième partie de 234, ou dix fois moindre que 234, au reste près, car le chiffre 3 qui exprime des dixaines dans le dernier nombre, exprime des unités simples dans le premier.

Diviser 52 049 *par* 100.

Puisque 100 a deux zéros, les deux groupes doivent être 520 et 49 ; le premier est le quotient, et le second, le reste. Le nombre 520 est bien la centième partie de 52 049,

ou cent fois moindre, car ses 520 unités simples sont des centaines dans le dividende proposé.

Diviser 6,700 002 *par* 1 000.

Le quotient est 6 700, et le reste est 002 ou simplement 2.

Diviser 300 006 *par* 10 000.

Le quotient est 30, et le reste est 0 000, c'est-à-dire qu'il est nul.

D. Ne peut-on pas abréger la division, quand le dividende et le diviseur sont terminés par des zéros?

R. S'il arrive que les deux termes de la division soient terminés par des zéros, on peut, sans altérer le quotient, supprimer tous les zéros du terme qui en a le moins à droite, pourvu qu'on en supprime autant dans l'autre.

EXEMPLE : *Diviser* 402 000 *par* 1 500.

Je supprime deux zéros à droite dans chaque terme; puis je divise 4 020 par 15, et je trouve 268 pour quotient, comme si j'avais divisé 402 000 par 1 500.

Démonstration : Il doit en être ainsi effectivement : 402 000, c'est 4 020 centaines, car deux zéros qui se trouvent à la droite d'un nombre, peuvent être remplacés par le mot *centaine*, et de même 1 500, c'est 15 centaines. Or, les noms des unités ne font rien à la grandeur numérique du quotient : deux nombres de centaines se contiennent autant de fois que les mêmes nombres convertis en unités sim-

ples, et réciproquement. Donc 402 000 contient 1 500 autant de fois que 4 020 contient 15.

(Faites un grand nombre de divisions et leurs
preuves par 9, en vous proposant des problèmes qui
présentent tous les cas, comme les précédents.)

VINGT-NEUVIÈME LEÇON.

DÉCIMALES.

Préparation : Ce ne sont pas toujours des
collections de choses entières, qu'on soumet
au calcul ; il est souvent nécessaire de considérer une certaine portion ou *fraction* d'une de
ces choses. Par exemple, au lieu d'acheter de
la marchandise pour plusieurs francs, pour
un seul franc même, on peut n'en acheter que
pour une portion de franc ; au lieu d'être à une
lieue l'un de l'autre, deux villages peuvent
n'être distants que d'une portion de lieue ; au
lieu d'acheter plusieurs quintaux de fer, on
peut n'en acheter qu'une portion de quintal, ou
en acheter un quintal et une portion de quintal.

Afin de pouvoir désigner une portion de
chose, et la représenter par des chiffres, on
suppose cette chose partagée en un certain
nombre de parties égales, et l'on énonce ou
l'on écrit en chiffres, une certaine collection
de ces parties. Si, par exemple, vous sup-
posez le franc divisé en dix parties égales,
chacune portera le nom de *dixième* de franc,
et la portion de franc dépensée ou reçue,
pourra être de 2 dixièmes, de 4 dixièmes, de
9 dixièmes.

5*

D. Qu'est-ce que des parties décimales?

R. On appèle *parties décimales*, les dixièmes, centièmes, millièmes, dixmillièmes, centmillièmes, millioniémes, etc., d'une unité quelconque.

D. Comment se représentent les dixièmes?

R. D'après le principe de la numération, tout chiffre placé à la droite d'un autre, vaut dix fois moins que s'il était à la place de cet autre. Or, un dixième est dix fois plus petit que l'unité; il est donc naturel d'écrire les dixièmes à droite des unités simples, comme on écrit ces unités à droite des dixaines. Mais pour prévenir toute confusion, dans le cas surtout où le nombre ne porte point d'indication d'unité, on met toujours une virgule entre les unités simples et les dixièmes.

EXEMPLES : Le nombre 7^{li}, 3 exprime 7 lieues et 3 dixièmes de la lieue ; le nombre 135,4 exprime 135 unités quelconques et 4 dixièmes d'une de ces unités.

D. Combien un dixième vaut-il de centièmes ?

R. Le dixième de 100 est 10, et le centième de 100 est 1. Par conséquent, le dixième vaut 10 centièmes, ou bien le centième est dix fois moindre que le dixième.

D. Qu'est le millième par rapport au centième ?

R. Le centième de 1000 est 10, et le millième de 1000 est 1. Par conséquent, le millième est la dixième partie du centième.

TRENTIÈME LEÇON.

D. Quelle relation existe entre deux parties décimales dont les noms se suivent?

R. Chaque partie décimale est dix fois plus grande que celle qui la suit à droite, et dix fois moindre que celle qui la précède à gauche.

Par conséquent, une partie décimale est dixaine relativement à la première qui vient après elle, et centaine relativement à la seconde.

EXEMPLES : Le millionième vaut 10 dixmillionièmes et forme la dixième partie du centmillième, parce que le millionième précède immédiatement le dixmillionième et suit de même le centmillième.

Vous voyez aussi que le millième a pour dixaine, le centième qui le précède d'un rang, et pour centaine, le dixième qui le précède de deux rangs.

Le millionième a pour dixaine, le centmillième qui le précède d'un rang, et pour centaine, le dixmillième qui le précède de deux rangs.

D. Comment se représentent les centièmes et les autres parties décimales?

R. Les centièmes étant dix fois moindres que le même nombre de dixièmes, ont leur place à droite de ces parties, c'est-à-dire au second rang après la virgule, comme les dixaines qui sont dix fois plus grandes que le même nombre d'unités simples, ont leur place au second rang avant la virgule.

Pour des raisons analogues, on met les milliémes à la suite des centièmes, c'est-à-dire au troisième rang après la virgule, les dixmillièmes au quatrième rang, les centmillièmes au cinquième rang, les millioniémes au sixième rang, et ainsi de suite.

Exemples : Le nombre 48^m,573 exprime donc 48 mètres, 5 dixièmes de mètre, 7 centièmes de mètre et 3 millièmes de mètre.

Le nombre 9,0426051 exprime 9 unités quelconques, 4 centièmes d'une de ces unités, 2 millièmes de la même unité, 6 dixmillièmes, 5 millionièmes et 1 dixmillionième. On a mis un zéro après la virgule, pour marquer qu'il n'y a point de dixièmes, et pouvoir néanmoins placer les centièmes au second rang. De même, le zéro qui se trouve entre les six dixmillièmes et les 5 millionièmes, marque l'absence des centmillièmes.

D. Comment nommez-vous les chiffres qui expriment les parties décimales de l'unité ?

R. Les chiffres qui sont à droite de la virgule, pour exprimer les parties décimales

de l'unité, sont appelés *décimales*, et le nombre qu'ils forment à eux tous, est une *portion* ou *fraction décimale* de cette unité.

EXEMPLE : Dans le nombre 6,003 407, les caractères 0, 3, 4, 7, sont des décimales, et le nombre 3 407 est une fraction décimale de l'unité : il exprime 3 millièmes, 407 millionièmes.

D. Comment se nomme un nombre qui renferme une collection d'unités entières et une fraction décimale d'unité ?

R. Le nombre dans lequel une fraction décimale d'unité se trouve jointe à une collection d'unités entières, est nommé *nombre décimal*, pour qu'on puisse le distinguer de ceux qui ne renferment point de fractions, et qui, pour cela, sont appelés *nombres entiers*.

TRENTE-UNIÈME LEÇON.

D. Quel moyen emploie-t-on pour lire un nombre décimal ?

R. On se sert, pour lire en langage ordinaire, un nombre décimal écrit en chiffres, du moyen qui est employé pour lire un nombre entier ; c'est-à-dire qu'on partage le nombre décimal en groupes de trois chiffres chacun, à partir de la virgule.

On énonce d'abord les unités entières, ensuite le nombre de chaque groupe de décimales, comme s'il était seul et qu'il

s'agit d'un nombre entier, observant de prononcer, aussitôt après, le nom *millième* de l'unité du premier groupe, le nom *millionième* de l'unité du second groupe, le nom *billionième* du troisième groupe, et ainsi des autres.

Lorsqu'il y a plus d'un groupe et que le dernier à droite est incomplet, on le suppose terminé par un zéro, s'il a deux chiffres, et par deux zéros, s'il n'a qu'un chiffre.

Ex. : *Lire le nombre de jours* 37*j*,528 156.

Je dis d'abord 37 jours, puis 238 *millièmes*, 156 *millionièmes*. Je n'ai pas besoin de dire, *millionièmes de jour :* puisque l'unité simple est le jour, les parties décimales ne peuvent être que celles de cette unité.

Lire le nombre 148,407 005.

Je dis : 148 *unités,* 407 *millièmes,* 5 *millionièmes ;* car le nombre 005 revient à 5, les deux zéros ne servant qu'à marquer les rangs des centaines et des dixaines de millionièmes, qui manquent.

Lire le nombre 7,040 6

Je dis : 7 *unités,* 40 *millièmes,* 600 *millionièmes.* J'ai complété, par la pensée, le groupe des millionièmes qui n'a que le chiffre 6. J'aurais pu dire 6 dixmillièmes, au lieu de 600 millionièmes : ces deux nombres sont tout à fait égaux ; mais la lecture des décimales est plus simple et plus régulière, lorsque l'on complète le dernier groupe à droite.

Lire le nombre 20,15.

Je dis 20 *unités,* 15 *centièmes.* Je ne com-

plète pas le groupe de décimales, parce qu'il est seul : on trouve plus de simplicité à dire 15 centièmes, que 150 millièmes.

D. Comment lit-on une fraction décimale isolée?

R. Une fraction décimale qui n'est pas jointe à un nombre entier, se lit comme celle d'un nombre décimal. Seulement, on exprime, après avoir nommé le dernier groupe à droite, à quelle espèce d'unité appartient la fraction, s'il y en a une d'indiquée; dans le cas contraire, on n'ajoute rien.

EXEMPLES : *Lire le nombre d'années* $0^{an},03$.

Je dis simplement : **3** centièmes d'*année*, et non pas : **0** année, **3** centièmes.

Lire le nombre 0,00025.

Puisqu'il n'y a ni unités désignées, ni millièmes, je dis 250 millionièmes.

D. Comment s'écrit en chiffres, un nombre décimal dicté?

R. La règle prescrite pour écrire en chiffres les nombres entiers, est applicable aux nombres décimaux : on écrit d'abord la collection d'unités entières qu'on fait suivre d'une virgule, puis chaque groupe de décimales, comme s'il était seul, observant de remplacer par des zéros, les décimales qui ne sont pas énoncées.

EXEMPLES : *Écrire en chiffres le nombre dix-huit lieues, trente-cinq millièmes.*

Les centaines du groupe des millièmes manquent. J'écris donc d'abord les 18 lieues, puis une virgule, puis un zéro, puis 55, et j'ai 18^{li},055.

Écrire en chiffres le nombre cinq unités quarante millionièmes.

J'écris 5, puis une virgule, puis trois zéros, puisqu'il n'y a pas de millièmes; puis un autre zéro, puisque les centaines de millionièmes manquent, et enfin un 4 pour les dixaines de ce groupe. J'ai ainsi 5,000 04. Je pourrais écrire aussi 5,000 040; mais les zéros sont tout aussi inutiles à droite des décimales, qu'à gauche des nombres entiers.

D. Comment s'écrit une fraction décimale?

R. Une fraction décimale s'écrit comme un nombre décimal; seulement, on met un zéro à la place des unités entières, pour marquer qu'elles manquent, et pour avoir un caractère auquel on puisse appliquer l'indication de l'unité.

EXEMPLES: *Écrire en chiffres 5 centièmes de mètre.*

J'écris d'abord un zéro, près duquel je place l'indication du mètre, puis je mets une virgule, un zéro au rang des dixièmes qui manquent, et enfin 5 au second rang. J'ai ainsi 0^m,05.

Écrire en chiffres deux cent six millièmes.

Bien qu'il n'y ait pas d'unités désignées, j'écris un zéro à la place des unités entières, puis une virgule, puis 206, et j'ai 0,206.

TRENTE-DEUXIÈME LEÇON.

MESURES MÉTRIQUES.

D. Qu'est-ce que les mesures métriques?

R. Les mesures métriques sont les *mesures légales,* c'est-à-dire celles que la loi reconnaît et dont elle prescrit l'emploi. Leur nom provient de ce qu'elles ont toutes le *mètre* pour base.

D. Qu'est-ce que le mètre?

R. Le mètre est l'unité ou la mesure des longueurs. Il égale 25 billionièmes du tour de la Terre ou 1 dixmillionième du quart de ce tour.

D. Quels noms portent les parties décimales du mètre?

R. Le dixième du mètre se nomme *déci*mètre, le centième se nomme *centi*mètre, et le millième, *milli*mètre. Les autres parties n'ont point de noms particuliers : elles conservent les noms communs de dixmillièmes, centmillièmes, etc.

D. Quels sont les noms des unités composées du mètre?

R. La dixaine du mètre s'appèle *déca*mètre, la centaine s'appèle *hecto*mètre, mille mètres forment le *kilo*mètre qui sert à mesurer les distances des villes et villages d'un même département, et dix mille mètres forment le *myria*mètre qu'on emploie pour mesurer les plus grandes distances.

OBSERVATION : Il faut se rappeler que *déci* remplace dixième, *centi* centième, *milli* millième, *déca* dix, *hecto* cent, *kilo* mille, *myria* dix mille, afin de voir promptement que *décamètre*, par exemple, composé de *déca* et de *mètre*, nom de l'unité simple, est le nom d'une unité qui vaut dix fois cette unité simple.

Il importe aussi de s'habituer aux abréviations suivantes : M pour *myria*, k pour *kilo*, h pour *hecto*, D pour *déca*, d pour *déci*, c pour *centi*, mi pour *milli*.

En joignant à ces abréviations, la première lettre du nom de l'unité simple, on forme l'abréviation du nom de chaque unité de mesure. Par exemple, Dm signifie *décamètre*, dm signifie *décimètre*, et ainsi des autres.

D. Comment se lisent les décimales du mètre et des autres mesures?

R. Les décimales du mètre et des autres mesures se lisent par groupes de trois chiffres, comme des décimales quelconques; seulement, on peut, s'il n'y en a pas plus de trois, leur donner le nom particulier de la dernière.

EXEMPLES : Pour $4^m,045$ on lit : 4 mètres, 45 millièmes ou 45 millimètres; pour $28^m,006\,02$ on lit : 28 mètres 6 millièmes 20 millionièmes.

TRENTE-TROISIÈME LEÇON.

D. Par quel moyen change-t-on l'unité d'un nombre de mesures?

R. Le déplacement de la virgule suffit

pour changer l'unité d'un nombre de mesures. On trouve la place que doit occuper cette virgule, et le chiffre qui portera la nouvelle indication, en nommant à son rang chacune des unités qui séparent l'unité du nombre et celle qu'il s'agit d'y substituer.

EXEMPLES : *Convertir* $2034^{hm},185$ *en myriamètres*.

Comme le myriamètre est supérieur à l'hectomètre, je vais de droite à gauche, en disant *kilomètre* sur le 3, et *myriamètre* sur le zéro. Je trouve ainsi que l'indication ^{Mm} doit être portée par le zéro, et j'ai $20^{Mm},34185$, nombre parfaitement égal à $2034^{hm},185$.

Convertir $4^{km},0452038$ *en millimètres*.

Comme le millimètre est inférieur au kilomètre, je vais de gauche à droite, en disant *hectomètre* sur le zéro, *décamètre* sur le 4, *mètre* sur le 5, *décimètre* sur le 2, *centimètre* sur le zéro suivant, et *millimètre* sur le 3. Par conséquent, j'écris $4045203^{mim},8$.

Convertir $16^{km},25$ *en mètres*.

Je dis successivement *hectomètre*, *décamètre*, en passant sur le 2 et sur le 5, puis *mètre*, en écrivant zéro à droite du 5. J'ai ainsi $16^{km},250$ et j'écris 16250^m. Il est inutile de mettre la virgule après le zéro, puisqu'il n'y a plus de décimales.

Convertir $25^m,76$ *en kilomètres*.

Je dis *décamètre* en passant sur le 2, puis *hectomètre* en écrivant 0 à gauche du 2, puis *kilomètre* en écrivant un autre zéro. J'ai ainsi $0025^m,76$ et j'écris $0^{km},02576$.

Écrire deux mètres soixante-cinq milli-mètres, en prenant l'hectomètre pour unité.

J'écris d'abord le nombre tel qu'il est proposé, et j'ai $2^m,065$. Changeant ensuite l'unité, j'obtiens $0^{hm},020\,65$.

D. Quelle est l'unité ou mesure des champs ?

R. L'unité des superficies de terrain est la superficie d'un carré dont chaque côté a un décamètre. Ce carré s'appèle *are*.

D. Quels sont les composés et les parties de l'are?

R. L'are n'a qu'un seul composé ; c'est l'*hectare* ou centaine d'ares. Il n'y a non plus qu'une seule partie décimale de l'are qui ait un nom particulier; c'est le centième : on l'appèle *centiare*.

L'hectare est un carré dont chaque côté a un hectomètre. Le centiare est un carré dont chaque côté a un mètre.

D. Quelle est la relation de l'hectare et du centiare?

R. L'hectare vaut 10 000 centiares, puisqu'il vaut 100 ares et que l'are renferme 100 centiares. Par conséquent, le centiare est le dixmillième de l'hectare.

APPLICATIONS : *Écrire 4 hectares, 15 centi-ares.*

J'écris $4^{h\circ},0015$, puisque le nombre proposé ne contient ni dixième d'hectare, ni are ou centième d'hectare, et que les dixaines de centiares sont des millièmes d'hectare.

Convertir 4ª,25 *en hectares.*

Je dis *dixaine d'are*, en écrivant zéro à gauche du 4, puis *hectare*, en écrivant un second zéro. J'ai ainsi 004ª,25 et j'écris 0ʰᵃ,042 5.

Convertir 26ʰᵃ *en ares.*

Je dis *dixième d'hectare*, en écrivant zéro à droite du 6, puis *are* en écrivant un second zéro. J'ai ainsi 2 600ª. Les ares étant 100 fois plus petits que les hectares, doivent être en effet 100 fois plus nombreux, pour que la superficie reste la même.

TRENTE-QUATRIÈME LEÇON.

D. Quelle est l'unité de mesure des liquides et des graines ?

R. Les liquides et les graines ont pour unité de mesure, le *litre*. La contenance du litre égale celle d'un dez ou cube creux dont chaque arête a un décimètre.

D. Quels sont les composés et les parties du litre ?

R. Les composés du litre sont le *décalitre* ou dixaine de litres, et l'*hectolitre* ou centaine de litres. Il y a aussi le *double décalitre*; mais cette unité n'est pas décimale comme les autres, puisqu'elle est le double de celle qui la suit à droite, et le cinquième de l'hectolitre qui la précède à gauche.

Les parties décimales du litre, qui portent un nom particulier, sont le *décilitre* ou dixième et le *centilitre* ou centième.

APPLICATIONS : *Écrire cinquante-sept litres, huit centilitres.*

J'écris $57^l,08$ en mettant zéro à la place des décilitres ou dixaines de centilitres, qui manquent.

Convertir $562^l,25$ *en hectolitres.*

Je dis successivement *décalitre, hectolitre,* sur le 6 et sur le 5 ; puis j'écris $3^{hl},6225$.

D. Quelle est la mesure employée pour le bois de chauffage ?

R. Le bois de chauffage se mesure au *stère ;* cette unité est un dez ou cube plein dont chaque arête a un mètre.

D. Quels sont les composés et les parties du stère ?

R. Le *décastère* ou dixaine de stères est le seul composé de cette unité ; le *décistère* ou dixième est la seule partie qui ait reçu un nom particulier.

TRENTE-CINQUIÈME LEÇON.

D. Quelle est la mesure des poids ?

R. Les poids ont pour unité, le *gramme ;* c'est le poids d'un millième de litre d'eau très-pure.

D. Quels sont les composés et les parties du gramme ?

R. Le gramme a pour composés, le *décagramme* ou dixaine de grammes, l'*hectogramme* ou centaine de grammes, le

kilogramme qui vaut mille grammes, le *myriagramme* qui vaut dix mille grammes, le *quintal* qui vaut cent kilogrammes, et le *millier* qui vaut dix quintaux.

Le kilogramme forme le poids d'un litre d'eau très-pure.

Les parties du gramme qui portent un nom particulier, sont le *décigramme* ou dixième, le *centigramme* ou centième, et le *milligramme* ou millième.

APPLICATION : L'indication abrégée du quintal est *q* et celle du millier est *Mil*.

Écrire 894532 grammes, 23 milligrammes, en quintaux

J'écris d'abord en grammes le nombre proposé et j'ai 894 532^g,023. Ensuite, je dis *décagramme* sur 3, *hectogramme* sur 5, *kilogramme* sur 4, *myriagramme* sur 9 et *quintal* sur 8. Je dois donc écrire 8^q,945 520 23.

D. Quelle est l'unité des sommes d'argent ?

R. L'unité des sommes d'argent s'appèle *franc*. La pièce d'un franc contient 5 grammes d'un alliage dans lequel entre une partie de cuivre contre 9 parties d'argent.

D. Comment se nomment les parties décimales du franc?

R. Deux des parties décimales du franc ont des noms particuliers : les dixièmes s'appèlent *décimes*, et les centièmes, *centimes*.

Les autres parties conservent les noms communs de *millièmes, dixmillièmes, etc.*

D. Les décimes sont-ils usités ?

R. On compte bien rarement par décimes : c'est presque toujours en centimes que s'énoncent les dixièmes de franc. Aussi est-il reçu d'écrire un zéro à la suite des décimes, quand les unités de centimes manquent.

EXEMPLE : Pour deux francs et 4 décimes, on écrit 2^f,40 et l'on prononce *deux francs, quarante centimes* ; souvent même on se contente de dire *deux francs quarante.*

TRENTE-SIXIÈME LEÇON.

ADDITION DES DÉCIMALES.

D. Comment se fait l'addition des nombres décimaux ?

R. Puisque les millièmes, les centièmes, les dixièmes se contiennent comme les unités simples, les dixaines, les centaines, etc., l'addition des nombres décimaux doit se faire comme celle des nombres entiers : les reports auront lieu absolument de la même manière. Mais il faut placer les virgules de façon que les nombres donnés aient tous la même unité simple ; écrire les nombres ainsi modifiés en rangeant les virgules dans une même colonne, et met-

tre la virgule de la somme au-dessous des autres.

Cette règle est fondée sur ce qu'on ne peut additionner que des unités de même espèce, et sur ce qu'une somme doit toujours exprimer des choses pareilles à celles qui la composent.

$289^{kg},95$
962
$50 \quad ,365$
_____
$1302 \quad ,315$
$211 \quad 100$

PROBLÈME : J'ai acheté un essieu de fer qui pèse $289^{kg},95$, des bandes de roues qui pèsent $96^{Mg},2$ et un soc de charrue qui pèse $503^{hg},65$. Quel est, en kilogrammes, le poids total de mon achat ?

Solution : Les $96^{Mg},2$ valent 962^{kg}, les $503^{hg},65$ valent $50^{kg},365$. Ayant ainsi ramené les nombres donnés à la même unité, je trouve, en procédant comme pour les nombres entiers, que le poids total est $1302^{kg},315$.

D. Ne peut-on pas vérifier une addition au moyen de la soustraction ?

R. La combinaison de la soustraction et de l'addition fournit une preuve assez simple de cette dernière opération. On additionne les chiffres de la première colonne à gauche, on soustrait leur total de la partie correspondante de la somme, et l'on écrit le reste au-dessous, pour le joindre, comme dixaines, au chiffre de la somme, placé dans la colonne suivante. Du nombre qui en résulte doit être ensuite retranché le total de

6

la seconde colonne, et cette succession d'additions et de soustractions se continue jusqu'à la dernière colonne à droite. Le dernier reste est zéro, quand le résultat est exact; car si d'une somme on retranche successivement toutes les parties qui la composent, il n'en doit plus rien rester.

Exemple : Pour vérifier l'addition précédente par la soustraction, je dis, sur la première colonne à gauche : 11, de 13, 2. J'écris ce reste 2 au-dessous du 5, pour le joindre, comme dixaines, au zéro qui suit 13. Je dis ensuite, sur la seconde colonne : 14, 19, de 20, 1. J'écris ce reste 1 au-dessous du zéro. Sur la troisième colonne, je dis : 11 de 12, 1 ; sur la quatrième je dis, 12, de 13, 1 ; sur la cinquième, je dis : 11, de 11, 0 ; enfin sur la sixième, je dis : 5, de 5, 0. Ce dernier reste 0 rend très-probable l'exactitude du résultat de l'addition.

D. Dans quel cas faut-il vérifier une addition par soustraction ?

R. La preuve par soustraction peut être appliquée à l'addition dans tous les cas ; mais on s'en sert principalement lorsque l'addition de bas en haut ne fait pas retrouver la somme donnée par l'addition de haut en bas. Il convient alors, en effet, de vérifier de nouveau et par un autre moyen.

TRENTE-SEPTIÈME LEÇON.

SOUSTRACTION DES DÉCIMALES.

D. Comment se fait la soustraction des nombres décimaux ?

R. Puisque les unités décimales voisines se contiennent comme les unités simples, les dixaines, les centaines, etc., la soustraction des nombres décimaux doit se faire comme celle des nombres entiers. Mais il faut, avant tout, modifier les deux nombres de même nature, de manière à leur donner la même unité, s'ils ne l'ont pas ; il faut aussi mettre leurs virgules et celle de leur différence dans une même colonne ; car on ne peut soustraire d'un nombre de choses, que des choses tout-à-fait pareilles, et le reste se compose nécessairement de ces mêmes choses.

Lorsque l'un des deux nombres a moins de décimales que l'autre, ou n'en a pas du tout, on le suppose terminé par autant de zéros qu'on devrait en écrire pour compléter les colonnes.

La preuve se fait aussi par l'addition de la différence et du plus petit des deux nombres.

PROBLÈME : Un chemin vicinal doit avoir $12^{hm},070\,5$, on en a déjà fait $948^{m},296$. Combien de mètres restent à faire ?

Solution : Il faut convertir le premier nom-

bre en mètres, puisque la réponse doit exprimer des mètres. On a donc à

$$1\,207^{m},05$$
$$948\ ,296$$
$$\overline{258\ ,754}$$

soustraire $948^{m},296$ de $1\,207^{m},05$. Supposant un zéro à la droite du grand nombre, pour compléter la colonne des millièmes, je dis, comme s'il s'agissait de nombres entiers : 6 de 10, 4 ; 10 de 15, 5 ; 5 de 10, 7 ; 9 de 17, 8, et ainsi de suite. Plaçant enfin une virgule dans la différence, au-dessous des deux autres, j'obtiens $258^{m},754$ pour la partie du chemin qui n'est pas encore exécutée.

TRENTE-HUITIÈME LEÇON.

MULTIPLICATION DES DÉCIMALES.

D. Quel est le moyen le plus rapide de multiplier un nombre décimal, par l'unité suivie de zéros ?

R. Il suffit de déplacer convenablement la virgule, pour opérer la multiplication d'un nombre décimal par l'unité suivie de zéros.

Lorsque le nombre des décimales du multiplicande surpasse celui des zéros qui suivent l'unité, on obtient le produit en reculant la virgule vers la droite, d'autant de rangs qu'il y a de zéros dans le multi-plicateur.

Lorsque le nombre des décimales du multiplicande égale celui des zéros qui sui-vent l'unité, on obtient le produit en sup-primant la virgule.

Lorsque le nombre des décimales du multiplicande est moindre que celui des zéros qui suivent l'unité, on les rend égaux en écrivant des zéros à droite du multiplicande, puis on supprime la virgule, pour avoir le produit.

DÉMONSTRATION : En effet, multiplier par 10, 100, 1 000, c'est rendre le multiplicande 10 fois, 100 fois, 1 000 fois plus grand, ou bien c'est changer les unités de ce nombre en dixaines, en centaines, en mille. Or, on change les unités en dixaines, si l'on recule la virgule d'un rang vers la droite; on les change en centaines, si l'on recule la virgule de deux rangs ; on les change en mille, si l'on recule la virgule de trois rangs.

EXEMPLES : Pour multiplier par 100 le nombre $4^m,705$, je recule la virgule de deux rangs vers la droite, et j'ai le produit $470^m,5$. Le chiffre 4 qui exprimait des unités, exprime maintenant des centaines et se trouve 100 fois plus grand ; il en est de même de tous les autres chiffres, et par conséquent, le nombre $470^m,5$ est 100 fois plus grand que $4^m,705$.

Le nombre $57^{kg},8$ multiplié par 10, devient 578^{kg}, la virgule étant supprimée.

S'il s'agit de multiplier $128^f,55$ par 1 000, j'écris un zéro à la suite des décimales, pour en avoir trois rangs, autant qu'il y a de zéros dans 1 000 ; j'ai ainsi $128^f,550$. Alors, je supprime la virgule et j'obtiens, pour produit, $128\,550^f$.

6*

D. Comment se fait la multiplication, quand l'un des facteurs est décimal et que l'autre n'est pas l'unité suivie de zéros ?

R. En général, la multiplication des nombres décimaux s'opère comme s'ils étaient entiers : on ne fait nullement attention aux virgules, pendant le calcul ; mais dès qu'il est terminé, on place au produit une virgule qui lui donne autant de décimales qu'en ont ensemble le multiplicande et le multiplicateur, après avoir écrit des zéros à gauche de ce produit, s'il en est besoin.

Pour vérifier le résultat, on emploie la preuve par 9, comme à l'ordinaire.

DÉMONSTRATION : Il est facile de s'expliquer ce procédé de multiplication. Supposons que le multiplicande ait une décimale. Négliger la virgule, c'est au fond rendre ce multiplicande 10 fois plus grand. Le produit obtenu en nombre entier, sera donc 10 fois trop grand. Pour le corriger, il faudra le rendre 10 fois plus petit, et c'est ce que nous ferons, en y plaçant une virgule, de manière à donner aux dixaines le rang des unités simples.

Supposons maintenant que le multiplicateur ait deux décimales ; en négliger la virgule, c'est le rendre 100 fois plus grand. Donc le produit, malgré la décimale qu'il a déjà, est encore 100 fois trop grand. Afin de le réduire à sa vraie valeur, il faudra le rendre 100 fois plus petit, et c'est ce que nous ferons, en avançant la

virgule de deux rangs à gauche, pour donner aux nouvelles centaines, le rang des unités simples. Mais alors le produit se trouve avoir trois décimales, c'est-à-dire autant qu'en ont ensemble les deux facteurs. Donc la règle est juste.

PROBLÈME : Un propriétaire achète, à raison de 217^f,35 l'hectare, une pièce de terre qui contient 65^{ha} et 809 centiares. Combien devra-t-il ?

Solution : Dans 809 centiares, il y a 8 ares, et ces 8^a sont des centièmes d'hectare. C'est donc par 65^{ha},0809 qu'il faut multiplier 217^f,55. Le produit doit renfermer 6 décimales, puisqu'il y en a deux au multiplicande et quatre au multiplicateur. Ainsi, l'on a pour réponse 14145^f,535615 ou 14145^f,55 à moins de 1 centime près.

$$
\begin{array}{r}
2\ 1\ 7^f,\ 3\ 5\quad 0 \\
6\ 5,0\ 8\ 0\ 9\quad 1 \\
\hline
1\ 9\ 5\ 6\ 1\ 5\quad 0 \\
1\ 7\ 3\ 8\ 8\ 0 \\
1\ 0\ 8\ 6\ 7\ 5 \\
1\ 3\ 0\ 4\ 1\ 0 \\
\hline
1\ 4\ 1\ 4\ 5,5\ 3\ 5\ 6\ 1\ 5\quad 0
\end{array}
$$

D. Que faut-il faire, quand une multiplication donne plus de décimales qu'on n'en a besoin ?

R. Lorsque les décimales d'un produit sont surabondantes, on rejète toutes celles qui sont au-delà du rang où il convient de s'arrêter. Cependant, il faut ajouter 1 à la dernière des décimales conservées, si les décimales rejetées font plus de 5 unités du rang suivant; lorsqu'elles forment précisément 5 de ces unités, on est libre d'aug-

menter ou de ne pas augmenter la dernière des décimales conservées.

Exemples : Soit le nombre $4^f,1723$, et rejetons-en les deux dernières décimales 2, 3, pour nous arrêter aux centimes; nous aurons $4^f,17$. Si nous ajoutions 1 centime à ce nombre réduit, il deviendrait $4^f,18$ et différerait plus en dessus de $4^f,1723$, que n'en différerait en dessous $4^f,17$. On doit donc ne rien ajouter au nombre réduit, lorsque les décimales rejetées font moins de 5 unités du rang qui suit les décimales conservées.

Soit le nombre $4^f,1783$. Réduit à $4^f,17$ il sera diminué de $0^f,0083$; mais si nous ajoutons 1 aux centimes, en rejetant les deux décimales 8, 3, nous aurons $4^f,18$ qui surpasse $4^f,1783$ de 0^f0017 seulement. Ainsi, $4^f,18$ approche plus en dessus de $4^f,1783$, que $4^f,17$ n'en approche en dessous.

C'est donc avec raison qu'on ajoute 1 à la dernière des décimales conservées, quand les décimales rejetées font plus de cinq unités du rang suivant.

Soit enfin le nombre $4^f,175$. Réduit à $4^f,17$, il sera diminué de $0^f,005$; porté à $4^f,18$, il sera augmenté de $0^f,005$. Or, ces deux différences sont égales. Il est donc indifférent d'augmenter ou non la dernière des décimales conservées, quand on rejète seulement un 5.

TRENTE-NEUVIÈME LEÇON.

DIVISION DES DÉCIMALES.

D. Quelle est la règle de la division d'un nombre décimal par un nombre entier ?

R. Lorsque le dividende est décimal et que le diviseur est entier, on fait la division sans avoir égard à la virgule, et dès qu'elle est terminée, on place au quotient une virgule qui lui donne autant de décimales qu'en a le dividende, après avoir écrit des zéros à gauche de ce quotient, s'il en est besoin.

La vérification se fait au moyen de la preuve par 9.

DÉMONSTRATION : La raison de cette règle est bien simple. Négliger la virgule du dividende, c'est au fond le rendre mille fois plus grand, s'il a, je suppose, 3 décimales. Le quotient obtenu en nombre entier, est donc mille fois trop grand, et pour le réduire à sa vraie valeur, il faut le rendre mille fois plus petit. Or, c'est ce qu'on fait, en y plaçant une virgule, de manière à lui donner trois décimales, car le chiffre qui exprimait des mille, exprime alors des unités simples.

PROBLÈME : On veut partager 766^f,25 entre 25 personnes. Quelle sera la part de chacune ?

Solution : Je ne fais nulle attention à la virgule et je divise 76 625 par 25. Le quotient complet 3 065 se trouve cent fois trop grand, puisque j'ai employé un dividende cent fois

plus grand que 766^f,25. Je lui donne donc autant de décimales qu'en renferme ce dernier nombre, et j'ai pour réponse : 50^{f}65. Il est visible que cette manière de procéder revient à mettre une virgule au quotient, dès qu'on abaisse la première décimale du dividende.

$$9 \quad 766^f,25 \,|\, 25 \qquad 7$$
$$16 \quad 2 \quad | \overline{\quad 50^f,65 \quad} \quad 5$$
$$1 \quad 25 \,| \qquad\qquad \overline{\quad 8 \quad}$$
$$0 \,|$$

D. Quelle est la règle à suivre, quand le diviseur est décimal ?

R. Si le diviseur est décimal et que les deux termes renferment autant de décimales l'un que l'autre, la division se fait comme celles des nombres entiers, et le quotient n'a point de décimales.

Dans le cas où l'un des deux termes a plus de décimales que l'autre, on écrit à droite de celui qui en a le moins, les zéros qu'il faut pour lui donner autant de rangs de décimales qu'à celui qui en a le plus. La division se fait ensuite comme s'il s'agissait de nombres entiers, et le quotient n'a point de décimales.

DÉMONSTRATION : Je suppose, pour donner la raison de cette règle, qu'on ait à diviser 65^f,35 par 12^m,6.

Un zéro écrit à droite du diviseur ne le changera pas. Il s'agira donc de diviser 65^f,35 par 12^m,60 ou 65,35 par 12,60, car le nom des unités n'influe pas sur les chiffres du quotient. Mais 65,35 c'est la même chose que 6 535

centièmes ; 12,60 c'est la même chose que 1 260 centièmes, et deux nombres de centièmes se contiennent autant de fois que les mêmes nombres d'unités entières. On aura donc le vrai quotient de 65^f,55 divisé par 12^m,6, lorsqu'on aura trouvé celui des deux nombres entiers 6 535 et 1 260.

OBSERVATION : C'est pour plus de simplicité qu'il est prescrit de donner, au moyen de zéros, le même nombre de décimales aux deux termes de la division. Cette division s'opérerait fort bien sans cela ; mais lorsqu'on aurait trouvé le quotient sans faire attention aux virgules, il faudrait le corriger, et la correction pourrait être une cause d'erreur.

Elle consisterait du reste à diviser le quotient par 10, autant de fois que l'indiquerait l'excès du nombre de décimales du dividende sur celui du diviseur, ou à multiplier ce même quotient par 10, autant de fois que l'indiquerait l'excès du nombre de décimales du diviseur sur celui du dividende.

Soit, par exemple, 367,58 à diviser par 15,7. En exécutant la division comme si ces nombres étaient entiers, on trouve pour quotient 254. Mais, puisque la suppression de la virgule a multiplié le dividende par 100, il contient 100 fois davantage le diviseur, et le quotient est 100 fois trop grand ; puisque la suppression de l'autre virgule a multiplié le diviseur par 10, il est contenu 10 fois moins dans le dividende, et le quotient est 10 fois trop petit. Ce quotient étant d'une part 100 fois trop grand, et d'une autre 10 fois trop petit,

n'est au fond que dix fois trop grand, et il reçoit sa vraie valeur, comme nombre entier, si l'on place ses dixaines au rang des unités, c'est-à-dire si l'on supprime le dernier chiffre. Il devient ainsi 23, et tel qu'on le trouverait en donnant au diviseur les deux rangs de décimales du dividende.

PROBLÈME : On a jeté pour 84^f de semence dans un champ de 3^{ha},5. Combien a-t-il été dépensé pour chaque hectare?

Solution : Il faut donner une décimale au dividende 84, puisque le diviseur 3^{ha},5 en a une. J'écris donc 84^f,0, ce qui ne change pas le nombre donné, et je divise 840 par 35 comme à l'ordinaire. Le quotient complet et entier 24 apprend que la dépense, pour chaque hectare, a été de 24^f.

QUARANTIÈME LEÇON.

D. Quel est le plus prompt moyen de diviser un nombre décimal par l'unité suivie de zéros?

R. Il suffit de déplacer la virgule, pour diviser un nombre décimal par l'unité suivie de zéros : on l'avance vers la gauche d'autant de rangs qu'il y a de zéros dans le diviseur. Si le nombre des chiffres de la partie entière n'est pas assez grand, on écrit à gauche de cette partie, les zéros nécessaires pour compléter les rangs, et un de plus pour marquer la place des unités simples.

Ex. : *Diviser par* 100 *le nombre* 587ᵐ,25.

J'avance la virgule de deux rangs à gauche, parce qu'il y a deux zéros dans le diviseur, et j'ai pour quotient 5ᵐ,872 5.

Diviser 8ᶠ,36 *par* 10.

Avançant la virgule d'un rang à gauche, et mettant zéro au rang des unités simples, j'ai pour quotient 0ᶠ,856.

Diviser 7ᵏˢ,4 *par* 1 000.

Je prononce millièmes sur 7, *centièmes* en écrivant 0 à gauche, *dixièmes* en écrivant un second zéro, *unités* en écrivant un troisième zéro ; puis je porte la virgule entre les deux derniers zéros, et j'ai pour quotient 0ᵏˢ,007 4.

Diviser un nombre par 1 000, c'est en effet le rendre 1 000 fois plus petit, ou changer les unités simples en millièmes.

D. Comment obtient-on le quotient complet d'un nombre entier divisé par l'unité suivie de zéros ?

R. Lorsqu'un nombre entier doit être divisé par l'unité suivie de zéros, on obtient le quotient complet en séparant, par une virgule, sur la droite, autant de décimales qu'il y a de zéros dans le diviseur. Si le nombre des chiffres du dividende n'est pas suffisant, on écrit à gauche autant de zéros qu'il est nécessaire, et un de plus pour tenir la place des unités simples.

EXEMPLES : *Diviser* 587 *par* 100.

Je sépare par une virgule deux décimales, parce qu'il y a deux zéros dans 100, et j'ai 5,87 pour quotient complet.

7

Diviser 7^f *par* 10.

J'écris 0 à la place des unités simples, 7 au rang des dixièmes, et j'ai 0^f,7 pour quotient complet.

Diviser 54^m *par* 1 000.

Je dis *millièmes* sur 4, *centièmes* sur 5, *dixièmes* en écrivant 0, *unités* en écrivant un autre zéro, et j'ai pour quotient complet 0^m,054.

QUARANTE-UNIÈME LEÇON.

Préparation : Dix-sept milliers de houille ont été payés 274^f. A combien revient le millier en francs et centimes ?

Solution : Le prix demandé est la dix-septième partie de 274^f. Or, pour quotient de 274^f divisés par 17, on obtient, en nombre entier, 16^f, et il y a 2^f de reste.

Afin de trouver ce qui revient de ces 2^f, à chaque millier de houille, je les convertis en décimes. Comme il y a dix décimes dans un franc, 10 multiplié par 2, ou 2 multiplié par 10, ou 2 suivi d'un zéro, exprimera le nombre de décimes contenus dans 2^f. Divisant ces 20 décimes par 17, on a 1 décime pour quotient, et il reste 3 décimes.

Afin de connaître ce qui revient de ces 3 décimes à chaque millier de houille, je les convertis en centimes, au moyen d'un zéro écrit à droite ; puis je divise 30 centimes par 17. Il vient 1 centime pour quotient et 13 pour reste.

Le prix du millier de houille est donc 16^f,11. Ce quotient est incomplet, puisqu'on a un

reste; mais il fait connaître le vrai prix *à moins de 1 centime près*, attendu que 13 centimes répartis entre les 17 milliers n'en donneraient pas 1 pour chacun.

4	274^f		17^{mil}	8
	104		16^f,11	0
	20			—
	30			0
4	13			

D. Que faut-il faire, pour approcher d'un vrai quotient à moins d'une unité près d'une partie décimale déterminée?

R. Lorsqu'une division à quotient incomplet est finie, et qu'on veut approcher davantage du vrai quotient, il faut écrire zéro à droite du reste et diviser de nouveau, puis écrire zéro à droite du reste suivant et diviser encore; ainsi de suite, jusqu'à ce qu'il y ait au quotient la décimale à laquelle on doit s'arrêter. S'il s'agit, par exemple, d'approcher à moins de 1 millième près, on écrit zéro à la suite de chaque reste, et l'on continue la division, jusqu'au moment où le quotient présente des millièmes.

QUARANTE-DEUXIÈME LEÇON.

FRACTIONS.

D. Les décimales sont-elles les seules fractions de l'unité?

R. Il y a des fractions autres que les décimales, car le mot *fraction* signifie

soit une des parties égales de l'unité, soit
une collection de ces parties, et par conséquent, une demie, un tiers, 2 tiers, 3
quarts, 2 cinquièmes sont aussi des fractions. Il est même souvent avantageux de
soumettre au calcul ces sortes de nombres.

D. Comment se représentent les fractions qui ne sont pas décimales?

R. On est convenu de représenter toute
fraction non décimale au moyen de deux
nombres écrits l'un au-dessous de l'autre
et séparés par un trait. Le nombre d'en
haut indique combien la fraction contient
de parties égales de l'unité, et pour cela
il est appelé *numérateur*. Le nombre d'en
bas indique en combien de parties égales
l'unité a été divisée, et donne le nom de
ces parties; aussi est-il appelé *dénominateur*. Les deux nombres ensemble sont
les *termes* de la fraction.

D. Une fraction non décimale ne pour-
rait-elle pas se représenter par un seul
nombre?

R. On pourrait représenter une fraction
non décimale par un seul nombre sur-
monté du nom des parties de l'unité : quatre
cinquièmes, par exemple, s'écriraient alors
d'une manière analogue à quatre francs 4^f.
Mais il faudrait placer près du nombre,
le nom des parties de l'unité, puis l'indication de cette unité, et une telle compli-

cation de signes embarrasserait les calculs, outre qu'elle serait une cause d'erreurs.

EXEMPLES : Les fractions un tiers, trois quarts, quatre cinquièmes de lieue, pourraient s'écrire 1^{tiers}, 3^{quarts}, $4^{cinquièmes}$ lieue ; mais comme ces mots embarrasseraient le calcul, on écrit $\frac{1}{3}$, $\frac{3}{4}$, $\frac{4}{5}$. Le dénominateur 5 de la fraction quatre cinquièmes de lieue, $\frac{4}{5}$, indique que la lieue a été partagée en 5 parties égales, et le numérateur 4 marque que la fraction $\frac{4}{5}$ est une collection de 4 de ces parties. On peut dire aussi que le dénominateur 5 fait connaître le nom des unités du numérateur 4 : il montre que ce sont des cinquièmes.

QUARANTE-TROISIÈME LEÇON.

D. Comment, dans le langage, distingue-t-on les fractions décimales des autres?

R. Pour ne point confondre les fractions décimales et celles qui ne le sont pas, on appèle ces dernières *fractions à deux termes*, ou simplement *fractions*.

D. Existe-t-il quelque différence entre les termes d'une fraction et les termes d'une division?

R. On a donné le nom de termes aux deux nombres d'une fraction, parce qu'au fond une fraction n'est autre chose que l'indication d'une division à faire. Le mot terme a donc la même valeur dans les deux cas.

DÉMONSTRATION : La fraction $\frac{4}{5}$ représente effectivement le cinquième de 4 lieues ou le quotient de 4^{li} divisées par 5, tout aussi bien qu'elle représente les 4 cinquièmes d'une lieue; car, pour avoir le cinquième de 4^{li}, je pourrais prendre le cinquième de la première lieue, puis celui de la deuxième, puis celui de la troisième, enfin celui de la quatrième, et qu'aurais-je en faisant la somme de ces longueurs? 4 fois le cinquième d'une seule lieue, évidemment, ou bien, ce qui est la même chose, 4 cinquièmes de lieue.

OBSERVATION : Ainsi, dans une expression numérique telle que $\frac{15}{24}^{li}$, on peut voir ou 15 vingt-quatrièmes de lieue, ou 15 lieues à diviser par 24, et même le quotient complet de cette division. C'est pour cela que souvent la division de deux nombres s'indique au moyen du signe des fractions. Par exemple, $\frac{54}{9}$ exprime aussi bien que 54 : 9, qu'il faut diviser 54 par 9, et l'on prononce $\frac{54}{9}$, soit 54 *neuvièmes*, soit 54 *divisé* par 9.

D. Pouvez-vous convertir une fraction décimale en fraction à deux termes?

R. Rien de plus facile que de donner à une fraction décimale la forme d'une fraction à deux termes; il suffit d'écrire en numérateur, le nombre formé par les décimales, et en dénominateur, l'unité suivie d'autant de zéros qu'il y a de rangs de décimales.

DÉMONSTRATION : La fraction décimale 0,25 égale la fraction à deux termes $\frac{25}{100}$, car elles s'énoncent toutes deux absolument de la même

manière : 25 centièmes. D'ailleurs $\frac{25}{100}$ signifie aussi 25 divisé par 100, et le quotient de cette division est 0,25.

La fraction décimale 0,004756 égale bien $\frac{4756}{1000000}$, car la première peut s'énoncer comme la seconde, 4756 millionièmes, puisque les 4 millièmes font 4 mille millionièmes.

QUARANTE-QUATRIÈME LEÇON.

D. Pouvez-vous convertir une fraction à deux termes en fraction décimale?

R. On ne peut pas convertir exactement toute fraction à deux termes en fraction décimale ; mais on peut toujours former une fraction décimale qui n'en diffère pas d'une unité décimale déterminée.

L'opération consiste à diviser le numérateur par le dénominateur, comme si le premier de ces nombres était un reste de division, c'est-à-dire après avoir écrit un zéro à droite. Mais il faut, avant tout, mettre au quotient un zéro suivi d'une virgule, puisqu'il ne doit point y avoir d'unités simples entières.

EXEMPLES : *Changer $\frac{4}{5}$ en fraction décimale.*

J'écris un zéro et une virgule au quotient ; je mets un autre zéro à droite du numérateur 4 que je prends pour dividende ; je divise 40

$$\begin{array}{c|c} 40 & 5 \\ \hline 0 & 0,8 \end{array}$$

par 5, et j'obtiens 0,8 pour quotient complet. La fraction $\frac{4}{5}$ égale donc 0,8.

Convertir $\frac{6}{60}$ en fraction décimale.

J'obtiens d'abord, en divisant 90 par 60, 0,1 pour quotient et 30 pour reste. À droite de ce reste, j'écris 0 et je continue la division. Je trouve ainsi que $\frac{9}{60}$ égale 0,15.

$$\begin{array}{c|c} 90 & 60 \\ 300 & \overline{} \\ 0 & 0,15 \end{array}$$

Convertir $\frac{3}{70}$ en fraction décimale, à moins de 1 millième près.

Je trouve, en procédant comme ci-dessus et poussant le quotient jusqu'aux millièmes, que $\frac{3}{70}$ égale 0,042 à moins de 1 millième près, car il reste 60.

PRÉPARATION : Il est impossible d'obtenir exactement la valeur de $\frac{3}{70}$ en décimales, attendu que 3 suivi d'autant de zéros qu'on voudra, ne peut former un certain nombre de fois 70. Au contraire, $\frac{9}{60}$ donne un quotient complet, parce que le facteur 3 de 60 est détruit par celui de 9, et que les autres, 2 et 5, étant aussi facteurs de 10, il existe nécessairement un nombre de fois 10 qui, multiplié par 9, se trouve exactement divisible par 60.

D. A quel caractère reconnaît-on qu'une fraction à deux termes peut être convertie exactement en fraction décimale?

R. Une fraction à deux termes peut toujours se changer en une fraction décimale, sans laisser de reste, lorsque le dénominateur a pour facteurs 2 ou 5 ou 2 et 5, et que ses autres facteurs, s'il en renferme d'autres, sont communs au numérateur. Dans les cas où ces deux conditions ne se

trouvent pas remplies à la fois, une conversion exacte est impossible; la division du numérateur par le dénominateur serait sans fin.

PRÉPARATION : Partager 27 hectolitres de blé entre 7 personnes.

Solution : Chaque personne aura la septième partie des 27 hectolitres. Or, 27^{hl} divisés par 7, donnent 5^{hl} pour quotient et 6^{hl} pour reste. Si l'on veut partager aussi ce reste et le partager exactement, il faut donner à chaque personne le septième de 6^{hl}, ou, ce qui est la même chose, les six septièmes d'un hectolitre. La part cherchée sera donc au juste de 3^{hl} et $\frac{6^{hl}}{7}$.

D. Quel est le moyen d'avoir, dans tous les cas, le quotient complet d'une division qui donne un reste?

R. Lorsqu'on ne veut pas de décimales dans le résultat d'une division, ou qu'il y a impossibilité d'arriver à un reste nul, par ces sortes de fractions, on peut compléter le quotient en y joignant une fraction à deux termes dont le reste de la division forme le numérateur, et le diviseur, le dénominateur. Cette fraction exprime toujours des parties de la plus petite unité entière ou décimale du quotient, attendu que le reste a cette même unité ou peut la prendre.

QUARANTE-CINQUIÈME LEÇON.

SIMPLIFICATION DES FRACTIONS.

D. Qu'est-ce que simplifier une fraction?

R. Simplifier une fraction, c'est la changer en une autre qui lui soit égale et qui ait des termes plus petits.

D. Comment se simplifie une fraction?

R. Pour simplifier une fraction, il faut d'abord supprimer le même nombre de zéros à droite des deux termes, s'ils en renferment. Ces termes se trouvent ainsi divisés par 10, 100, 1000, etc. Ensuite, on divise les deux nouveaux nombres par 2, autant de fois qu'il est possible, puis les quotients suivants par 3, puis les quotients suivants par 5, puis les quotients suivants par 7 et toujours autant de fois qu'il est possible. Ces divisions successives doivent continuer, jusqu'à ce que l'on parvienne à deux quotients qui ne puissent plus être divisés par le même nombre, si ce n'est par 1. Ces derniers résultats forment les termes d'une fraction qui est *la plus simple expression* de la fraction donnée et qui lui est égale.

Exemple : *Simplifier la fraction* $\frac{75600}{302400}$.

J'obtiens d'abord $\frac{756}{3024}$, en supprimant deux zéros à droite de chaque terme. Je puis maintenant diviser ces termes par 2; il en résulte la nouvelle fraction $\frac{378}{1512}$. Divisant les termes

de celle-ci encore par 2, j'ai une quatrième fraction $\frac{189}{756}$ plus simple que la troisième. La division par 2 n'est plus possible, mais je puis diviser par 3; cela donne $\frac{63}{252}$. Une seconde division par 3, réduit cette nouvelle fraction à $\frac{21}{84}$, et une troisième fournit $\frac{7}{28}$. Divisant maintenant ces deux nouveaux termes par 7, j'obtiens enfin $\frac{1}{4}$ qui est la plus simple expression de $\frac{75600}{302400}$, puisque 1 et 4 ne peuvent plus être divisés par un même nombre autre que 1.

D. Pourquoi ne change-t-on pas la valeur d'une fraction, en la simplifiant?

R. La division des deux termes par un même nombre n'altère point la valeur d'une fraction. En divisant le numérateur par 2, je suppose, on prend moitié moins de parties de l'unité; mais en divisant le dénominateur aussi par 2, on exprime que l'unité est partagée en moitié moins de parties ou que chaque partie est double de ce qu'elle était; il y a donc compensation, et par suite, la fraction modifiée représente encore la même portion de l'unité.

QUARANTE-SIXIÈME LEÇON.

D. A quoi se reconnaît que les termes d'une fraction sont divisibles par 2?

R. Les termes d'une fraction sont exactement divisibles par 2, lorsque le dernier chiffre à droite de chacun exprime un nombre pair.

D. Qu'est-ce qu'un nombre pair ?

R. Un nombre est pair, quand il peut se décomposer en deux nombres égaux.

D. Quels sont les nombres pairs ?

R. Les nombres pairs sont 0, 2, 4, 6, 8, etc. ; car 8 peut se décomposer en 4 et 4, 6 en 3 et 3, 4 en 2 et 2, 2 en 1 et 1, 0 en 0 et 0.

D. Pourquoi un nombre est-il divisible par 2, lorsque son dernier chiffre est de rang pair ?

R. Le dernier chiffre à droite d'un nombre étant de rang pair, est divisible par 2. Or, les autres chiffres expriment une collection de dixaines, et les dixaines sont divisibles par 2. Donc les deux parties du nombre sont exactement divisibles par 2.

EXEMPLE : Le nombre 157 238 est divisible par 2, puisque le dernier chiffre à droite est de rang pair ; car les deux parties, 15 723 dixaines et 8 unités, sont divisibles chacune par 2.

D. Par quel moyen reconnaissez-vous que les termes d'une fraction sont ou ne sont pas divisibles par 3 ?

R. Pour savoir si un nombre est divisible par 3, j'en additionne les chiffres, et j'ôte 3 à mesure que je le puis. Lorsqu'à la fin il ne reste rien, le nombre est divisible par 3 ; mais il ne l'est pas, quand on trouve un reste.

EXEMPLE : Je reconnais que le nombre
201 634 est exactement divisible par 3, en
disant : 2 et 1 font 3, ôté 3, reste 0, 3 et 4
font 9, ôté 3 reste 0. Pour aller plus vite, on
peut se borner à dire : 3, 9, 0. Le 6 doit être
passé, puisqu'il faudrait l'ôter aussitôt après
l'avoir additionné.

D. A quoi reconnaissez-vous que les
termes d'une fraction sont divisibles par 5?

R. Un nombre est divisible par 5,
quand il se termine à droite par 5 ou
par zéro ; car les autres chiffres expriment
une collection de dixaines, et toutes les
dixaines sont divisibles par 5.

EXEMPLES : Les nombres 1 340 et 6 785 sont
divisibles par 5, puisque le premier se termine
à droite par 0, et que le dernier chiffre à droite
du second est 5. En effet, le cinquième de
1 340 est 268, et le cinquième de 6 785 est
1 357.

QUARANTE-SEPTIÈME LEÇON.

COMPARAISON DES FRACTIONS.

D. Comment comparez-vous les gran-
deurs de deux fractions ?

R. Lorsque deux fractions ont le même
nom, je les compare en comparant leurs
numérateurs : celle qui a le plus fort numérateur, est la plus grande.

Si les deux fractions ont des dénomi-

nateurs différents, il faut, pour les comparer facilement, *les réduire au même dénominateur*, c'est-à-dire leur donner le même nom.

D. Comment réduit-on deux fractions au même dénominateur?

R. On opère la réduction de deux fractions au même dénominateur, en multipliant les deux termes de chacune, par le dénominateur de l'autre. Il en résulte deux nouvelles fractions égales aux premières, qui ont pour dénominateur commun, le produit des deux dénominateurs donnés.

Exemples : La plus grande des fractions $\frac{6}{7}$ et $\frac{4}{7}$ est la première, car toutes deux expriment des *septièmes*, et il y en a 6 dans l'une, tandis que l'autre en contient seulement 4.

Comparer les deux fractions $\frac{3}{4}$ et $\frac{4}{5}$.

Si l'on prend l'unité pour terme de comparaison, il est visible que $\frac{4}{5}$ qui en diffère de $\frac{1}{5}$ seulement, est au-dessus de $\frac{3}{4}$ qui en diffère de $\frac{1}{4}$, fraction évidemment supérieure à $\frac{1}{5}$. Mais ce mode de comparaison n'est pas toujours d'une application aussi facile. Supposons-le donc inapplicable. Je multiplie les termes de $\frac{3}{4}$ par 5, et j'obtiens $\frac{15}{20}$; je multiplie les termes de $\frac{4}{5}$ par 4, et j'obtiens $\frac{16}{20}$. Il est clair que 16 vingtièmes sont plus grands que 15 vingtièmes, et par conséquent, c'est $\frac{4}{5}$ qui est la plus grande des fractions données.

QUARANTE-HUITIÈME LEÇON.

D. Pourquoi la fraction dont les deux termes sont multipliés par un même nombre, conserve-t-elle sa valeur?

R. Lorsque je multiplie le numérateur d'une fraction par 2, je suppose, je prends deux fois plus de parties de l'unité; mais en multipliant aussi le dénominateur par 2, j'exprime que l'unité est partagée en deux fois plus de parties qu'elle n'en avait, ou que les parties sont deux fois plus petites qu'elles n'étaient. Il y a donc compensation, et par suite, la fraction modifiée représente encore la même portion de l'unité.

D. Que faut-il faire pour comparer plus de deux fractions?

R. Les moyens employés pour la comparaison de deux fractions s'appliquent à celle d'un plus grand nombre. Il faut donc réduire toutes les fractions données au même dénominateur. On y parvient en multipliant les deux termes de chacune, par le produit des dénominateurs de toutes les autres.

EXEMPLE : *Comparer les fractions* $\frac{1}{2}$, $\frac{5}{6}$, $\frac{5}{10}$.
Je multiplie les deux termes de la première $\frac{1}{2}$ par 60, produit des dénominateurs des deux autres, et j'ai $\frac{60}{120}$; je multiplie les deux termes

de la seconde $\frac{5}{6}$, par 20, produit des dénominateurs 2 et 10, et j'obtiens $\frac{100}{120}$; je multiplie
enfin les deux termes de la troisième $\frac{3}{10}$, par
12, produit de 2 et 6, et il en résulte $\frac{56}{120}$. Les
trois fractions données sont donc devenues,
sans changer de valeur, $\frac{60}{120}$, $\frac{100}{120}$, $\frac{56}{120}$, et comme
$\frac{100}{120}$ est la plus grande de celles-ci, c'est $\frac{5}{6}$ qui
est la plus grande des autres.

RemARQUE : Mais les trois fractions obtenues
peuvent être simplifiées. Si l'on divise les deux
termes de chacune par 2, il vient $\frac{30}{60}$, $\frac{50}{60}$, $\frac{18}{60}$
et la même opération répétée, donne $\frac{15}{30}$, $\frac{25}{30}$,
$\frac{9}{30}$. Nous aurions donc pu adopter 30 pour
dénominateur commun, et multiplier le numérateur de chaque fraction, par le nombre
de fois que son dénominateur particulier est
contenu dans 30.

QUARANTE-NEUVIÈME LEÇON.

D. Qu'entendez-vous par *réduction au
moindre dénominateur commun?*

R. Réduire des fractions au moindre dénominateur commun, c'est leur donner à
toutes pour dénominateur, le plus petit
des nombres qui sont à la fois *multiples*
de chaque dénominateur particulier.

D. Qu'est-ce que les multiples d'un
nombre?

R. Les multiples d'un nombre sont
les produits de ce nombre par tous les
autres; ou bien encore ce sont les nom-

bres qui contiennent exactement une ou plusieurs fois celui dont il s'agit.

EXEMPLE: Les nombres 6, 12, 18, 24, 30, etc.; sont multiples de 6, parce que tous sont exactement divisibles par 6.

D. Comment trouve-t-on le moindre dénominateur commun?

R. Pour trouver le moindre dénominateur commun, on examine si le moindre multiple du plus grand dénominateur particulier, est aussi multiple de chacun des autres. S'il ne l'est pas, on fait un pareil examen, pour le second multiple du même nombre, puis pour le troisième, pour le quatrième, etc. On arrive ainsi nécessairement à trouver le plus petit des nombres qui sont à la fois multiples de chaque dénominateur particulier.

EXEMPLE: Soient encore les fractions $\frac{1}{2}$, $\frac{5}{6}$, $\frac{7}{10}$. Le plus grand des dénominateurs est 10. Je dis donc: 10 le moindre multiple de 10, n'est pas multiple de 6; 20 second multiple de 10, n'est pas non plus multiple de 6; mais 30 troisième multiple de 10, est à la fois multiple de 2 et de 6; donc 30 est le moindre dénominateur commun que puissent recevoir les fractions données.

D. Comment réduit-on des fractions au moindre dénominateur commun?

R. Une fois que le moindre dénominateur commun est trouvé, il faut, pour

y réduire les fractions, multiplier les deux termes de chacune, par le nombre de fois que son dénominateur particulier est contenu dans le dénominateur commun.

EXEMPLE : Nous avons trouvé 30 pour dénominateur commun des fractions $\frac{1}{2}$, $\frac{5}{6}$, $\frac{5}{10}$. Comme 30 contient 15 fois 2, je multiplie par 15 les termes de la fraction $\frac{1}{2}$ et j'ai $\frac{15}{30}$. Comme 30 contient 5 fois 6, je multiplie par 5 les termes de $\frac{5}{6}$, et j'ai $\frac{25}{30}$. Enfin, parce que 30 contient 3 fois 10, je multiplie par 3 les termes de $\frac{5}{10}$, et j'ai $\frac{9}{30}$. Ainsi, les fractions $\frac{1}{2}$, $\frac{5}{6}$, $\frac{3}{10}$, réduites au moindre dénominateur commun, deviennent, sans changer de valeur, $\frac{15}{30}$, $\frac{25}{30}$, $\frac{9}{30}$.

(Il importe de s'exercer beaucoup à réduire des fractions au moindre dénominateur commun.)

CINQUANTIÈME LEÇON.

NOMBRES FRACTIONNAIRES.

D. Qu'est-ce qu'un nombre fractionnaire ?

R. Une fraction jointe à un entier compose un *nombre fractionnaire*. On donne aussi ce nom au nombre exprimé par deux termes dont le numérateur surpasse le dénominateur. Et en effet, le même nombre peut être mis sous ces deux formes.

EXEMPLE : Les nombres $\frac{7}{3}$, $2\frac{1}{3}$ sont des nombres fractionnaires. Ils sont égaux, car il suffit d'exécuter la division de 7 par 3 et de

compléter le quotient, pour passer de la première forme à la seconde.

D. Qu'entendez-vous par *extraction des unités entières ?*

R. Il y a lieu d'extraire les unités entières renfermées dans un nombre fractionnaire, quand il se présente sous forme de fraction. L'opération consiste à effectuer la division indiquée et à compléter le quotient ; elle donne pour résultat un nombre entier joint à une fraction.

Exemple : *Extraire les unités entières du nombre fractionnaire* $\frac{39}{7}$.

Le quotient entier de 39 divisé par 7 est 5 pour 35, et il reste 4. Le quotient complet est donc le nombre fractionnaire 5 $\frac{4}{7}$.

Préparation : De la forme 5 $\frac{4}{7}$, il est facile de repasser à la forme $\frac{39}{7}$. Multipliez et divisez 5 par 7, vous n'en changerez pas la valeur et vous aurez $\frac{35}{7}$; ajoutez les $\frac{4}{7}$, vous obtiendrez $\frac{39}{7}$.

D. Comment un entier joint à une fraction se change-t-il en nombre à deux termes ?

R. Pour changer en nombre à deux termes, un entier joint à une fraction, il faut multiplier l'entier par le dénominateur, ajouter le numérateur au produit, et donner à la somme le dénominateur de la fraction.

Exemple : *Changer* 5 $\frac{5}{6}$ *en nombre à deux termes.*

Je dis 6 fois 3, 18, et 5, 23 ; puis j'écris $\frac{23}{6}$.

D. Quel est le moyen de changer un entier en nombre à deux termes ?

R. Pour changer un entier en nombre à deux termes, il faut le multiplier par le dénominateur qu'on veut lui donner.

EXEMPLE : *Donner à 7 la forme d'une fraction dont le dénominateur soit 9.*

Je dis 9 fois 7, 63, et j'écris $\frac{63}{9}$.

CINQUANTE-UNIÈME LEÇON.

ADDITION DES FRACTIONS ET DES NOMBRES FRACTIONNAIRES.

D. Quelle est la règle de l'addition des fractions ?

R. L'addition des fractions présente deux cas. Si elles ont le même nom, il faut additionner les numérateurs et donner à la somme le dénominateur commun, par la raison qu'une somme doit porter le même nom que les nombres qui la composent. Si les fractions n'ont pas le même dénominateur, on les y réduit, puis on opère comme dans le cas précédent.

EXEMPLE : *Faire la somme des fractions* $\frac{1}{2}$, $\frac{1}{3}$, $\frac{5}{6}$.

Le moindre dénominateur commun est 6. Les deux premières fractions modifiées deviennent $\frac{3}{6}$, $\frac{2}{6}$, et il s'agit de faire la somme des trois fractions $\frac{3}{6}$, $\frac{2}{6}$, $\frac{5}{6}$. Additionnant les numérateurs, je trouve 10. La somme demandée

est donc $\frac{10}{6}$, ou $1\frac{4}{6}$, si la division de 10 par 6 est opérée et le quotient complété, ou encore $1\frac{2}{3}$, si l'on simplifie la fraction $\frac{4}{6}$, en divisant par 2 le numérateur et le dénominateur.

D. Quelle est la règle de l'addition des nombres fractionnaires ?

R. L'addition des nombres fractionnaires offre deux cas. S'ils sont à deux termes, on procède comme pour les fractions. S'ils sont composés d'entiers et de fractions, il faut les écrire les uns au-dessous des autres, de manière que les entiers soient en colonne et les fractions aussi ; réduire les fractions au même dénominateur, faire à droite une colonne de ces fractions modifiées, les additionner ; extraire de leur somme les unités entières, pour les reporter sur la colonne des entiers ; écrire la fraction du quotient, simplifiée s'il y a lieu, sous la colonne des fractions données ; enfin additionner les entiers.

EXEMPLE : *Faire la somme des nombres* $15\frac{5}{8}$, $2\frac{1}{4}$, $\frac{7}{12}$.

Le moindre dénominateur commun est 24. Les fractions données deviennent donc $\frac{9}{24}$, $\frac{6}{24}$, $\frac{14}{24}$. Leur somme est $\frac{29}{24}$, ou $1\frac{5}{24}$. J'écris $\frac{5}{24}$ sous la colonne des fractions données ; je reporte 1 sur celle des entiers, et j'obtiens enfin $18\frac{5}{24}$ pour la somme demandée.

$$15 \;\; ^5/_8$$
$$2 \;\; ^1/_4$$
$$^7/_{12}$$
$$\overline{18 \;\; ^5/_{24}}$$
$$01$$

$$9|$$
$$6\,,24$$
$$14|$$
$$\overline{^{29}/_{24}}$$
$$0$$

D. Comment se fait la preuve d'une addition de nombres fractionnaires?

R. La preuve de l'addition des nombres fractionnaires se fait absolument comme celle de l'addition des nombres entiers. Il faut observer toutefois, si l'on emploie la soustraction, de donner la forme fractionnaire au reste de la colonne des unités entières, pour l'ajouter à la fraction de la somme.

Exemple : Dans l'addition précédente, le reste de la colonne des unités entières est 1. Ce reste converti en vingt-quatrièmes donne $\frac{24}{24}$ qui, ajoutés aux $\frac{5}{24}$ de la somme, font $\frac{29}{24}$. Retranchant ces $\frac{29}{24}$ de la somme des fractions modifiées, on a 0 pour reste, et par conséquent, il est très-probable que l'opération a été bien faite.

CINQUANTE-DEUXIÈME LEÇON.

SOUSTRACTION DES FRACTIONS ET DES NOMBRES FRACTIONNAIRES.

D. Quelle est la règle de la soustraction des fractions?

R. La soustraction des fractions présente deux cas. Si elles ont le même nom, il faut ôter le plus petit numérateur du plus grand, et donner à la différence, le dénominateur commun, par la raison qu'une différence doit avoir le même nom

que les nombres qui l'ont fournie. Si les fractions n'ont pas le même dénominateur, elles doivent d'abord y être réduites ; la soustraction se fait ensuite comme dans le cas précédent.

PROBLÈME : On a fauché dans un jour les $\frac{3}{5}$ d'un pré; le lendemain on n'en a fauché que les $\frac{2}{7}$. De combien le travail du premier jour surpasse-t-il celui du second ?

Solution : Il s'agit d'ôter $\frac{2}{7}$ de $\frac{5}{5}$. Réduisant ces fractions au même dénominateur, j'obtiens $\frac{10}{35}$ et $\frac{21}{35}$. Je dis ensuite 10 de 21, reste 11, et j'ai $\frac{11}{35}$ pour l'excès demandé.

D. Quelle est la règle de la soustraction des nombres fractionnaires ?

R. La soustraction des nombres fractionnaires présente deux cas. S'ils sont à deux termes, on procède comme pour les fractions. S'ils sont composés d'entiers et de fractions, il faut écrire le plus petit sous le plus grand, de manière que les entiers soient en colonne et les fractions aussi ; réduire ces fractions au même dénominateur ; faire à droite une colonne des fractions modifiées ; ôter celle d'en bas de celle d'en haut ; écrire la fraction restante sous les fractions données, et enfin opérer la soustraction des entiers.

Lorsque la fraction du nombre inférieur surpasse celle du nombre supérieur, on ajoute à celle-ci une unité entière convertie

en nombre à deux termes, dont le dénominateur soit celui des fractions, et pour ne
point altérer la différence, on ajoute ensuite 1 aux unités entières du petit nombre.
La preuve est la même que celle de la soustraction des nombres entiers.

EXEMPLE : *Trouver la différence de* 23 $\frac{9}{10}$ *à*
167 $\frac{5}{8}$.

Le moindre dénominateur commun est 40.
Les fractions deviennent donc $\frac{15}{40}$ et $\frac{36}{40}$. Comme
36 ne peut être retranché de 15, j'ajoute 1 ou
$\frac{40}{40}$ à $\frac{15}{40}$. J'ai par là $\frac{36}{40}$ à ôter de $\frac{55}{40}$. Le reste
est $\frac{19}{40}$. Je dis ensuite, sur
les unités entières : 1 et 5
font 4, de 7, 3 ; puis j'a-
chève comme à l'ordi-
naire.

$$
\begin{array}{llr}
167 & 5/8 & 15|40 \\
23 & 9/10 & 56|40 \\
\hline
143 & & 19/40
\end{array}
$$

Pour vérifier, j'additionne de bas en haut,
la différence et le petit nombre, afin de voir
si le total reproduira le grand. Je dis donc :
19 et 36 font 55 ; dans $\frac{55}{40}$, il y a une unité
entière et $\frac{15}{40}$. Passant aux unités entières, je
dis ensuite : 1 de report et 3, 4, et 3, 7.
Enfin j'achève comme à l'ordinaire.

D. Comment retranchez-vous une fraction d'un nombre entier ?

R. Lorsqu'une fraction doit être sous-
traite d'un nombre entier, on la soustrait
d'une unité entière convertie en nombre à
deux termes de même dénominateur, et
l'on ôte une unité au nombre entier.

EXEMPLES : *Trouver la différence de $\frac{5}{6}$ et de 5.*

Je dis : $\frac{5}{6}$ ôtés de 1 ou de $\frac{6}{6}$, reste $\frac{1}{6}$, 1 de 5 reste 2. La différence est donc $2\frac{1}{6}$.

Trouver la différence de $4\frac{2}{5}$ et de 8.

8

4    $^2/_5$ Je dis : $\frac{2}{5}$ de 1 ou de $\frac{5}{5}$ reste $\frac{3}{5}$;

5    $^5/_5$ 1 et 4 font 5, de 8 reste 3. La différence est donc $3\frac{3}{5}$.

CINQUANTE-TROISIÈME LEÇON.

MULTIPLICATION DES FRACTIONS.

D. Quelle est la règle à suivre pour former le produit d'une fraction et d'un nombre entier ou décimal ?

R. On forme le produit d'une fraction et d'un nombre entier ou décimal, en multipliant ce nombre et le numérateur l'un par l'autre, et donnant au résultat le dénominateur de la fraction.

DÉMONSTRATION : En effet, un quotient se trouve doublé, triplé, quand le dividende est doublé, triplé, et que le diviseur reste le même. Or, la valeur d'une fraction n'est autre chose que celle d'un quotient. Si donc il s'agit de multiplier une fraction par un nombre entier ou décimal, on devra multiplier par ce nombre le numérateur qui est le dividende, et conserver le dénominateur qui est le diviseur. Si au contraire il s'agit de multiplier un nombre entier ou décimal par une fraction, on

pourra changer l'ordre des facteurs sans altérer le produit. L'opération reviendra donc à la précédente, et par conséquent, il faudra encore multiplier le numérateur par le nombre entier ou décimal et laisser le dénominateur tel qu'il est.

PROBLÈME : Il faut $\frac{3}{7}$ de mètre d'une étoffe pour faire un gilet; combien en faudra-t-il pour faire 5 gilets?

Solution : Je dois répéter 5 fois $\frac{7^m}{}$, ou multiplier $\frac{3^m}{7}$, par 5. A cette fin, je multiplie le numérateur 3 par 5 et je conserve le dénominateur 7. J'ai ainsi $\frac{15}{7}$ ou $2^m \frac{1}{7}$ pour réponse.

PROBLÈME : On veut faire une mouture de 5 décalitres, 4 litres, dans laquelle il entre $\frac{2}{3}$ de froment par décalitre. Combien faudra-t-il de froment?

Solution : Il s'agit de répéter $\frac{2^{Dl}}{3}$ autant de fois que le marque $5^{Dl},4$ ou de multiplier $\frac{2^{Dl}}{3}$ par 5,4. Je multiplie le numérateur 2 par 5,4, je conserve le dénominateur 3, et j'ai $\frac{10,8^{Dl}}{3}$ ou $5^{Dl},6$ pour la quantité de froment à employer. Retranchant $3^{Dl},6$ de $5^{Dl},4$, je trouve $1^{Dl},8$ pour le seigle. On devra donc mêler 5 décalitres et 6 litres de froment à 1 décalitre 8 litres de seigle, pour faire la mouture.

PROBLÈME : Un célibataire donne, par testament, les $\frac{3}{5}$ de sa fortune aux hôpitaux, et il laisse en mourant $8554^f,75$. Combien revient-il aux hôpitaux?

Solution : On répondrait à cette question en prenant le cinquième de $8554^f,75$ et mul-

tipliant le quotient par 5, car on obtiendrait
ainsi évidemment les $\frac{5}{5}$ de l'héritage. Mais
le résultat sera le même, si l'on multiplie d'a-
bord par 5 et qu'on prenne ensuite le cinquième du produit, c'est-à-dire si l'on multiplie 8 534^f,75 par $\frac{3}{5}$. Le calcul ainsi conduit donne d'abord $\frac{25604,25}{5}$ fr., puis 5 120^f,85
pour la part des hôpitaux.

REMARQUE : Dans de semblables cas, c'est
toujours de cette manière qu'il faut opérer,
car la division pourrait donner un reste, ce
reste échapperait à la multiplication, si elle
était faite la dernière, et qu'on eût négligé de
compléter le quotient par une fraction ; conséquemment le résultat serait plus inexact
que dans le cas où la même négligence n'aurait
lieu qu'à la fin du calcul.

D. Que doit-on faire pour prendre une
partie d'un nombre, quand la fraction
qui indique cette partie, a son numérateur
plus grand que 1 ?

R. Lorsque la fraction qui indique ce
qu'il faut prendre d'un nombre, a son
numérateur plus grand que 1, on doit,
pour obtenir la partie demandée, multiplier le nombre par la fraction, de même
que, pour avoir le double, le triple, on
multiplie par 2, par 5.

EXEMPLES : *Prendre les* $\frac{2}{3}$ *de* 18, *et les* $\frac{4}{7}$
de 107.

Je multiplie 18 par $\frac{2}{3}$, c'est-à-dire que je
multiplie 18 par 2 et que je divise le produit

par 3. J'ai ainsi d'abord $\frac{36}{3}$, puis 12 pour les $\frac{2}{3}$ de 18.

Les $\frac{4}{7}$ de 107 s'obtiennent au moyen de la multiplication de 107 par $\frac{4}{7}$. Cette opération donne d'abord $\frac{428}{7}$, puis 61 en nombre entier.

REMARQUE : Si j'avais commencé par la division, j'aurais eu 15 pour le septième de 107 en nombre entier. Multipliant ensuite 15 par 4, je n'aurais trouvé que 60 pour les $\frac{4}{7}$ de 107, au lieu de 61. La différence provient du reste 2 que laisse la division de 107 par 7 et qui échappe à la multiplication par 4, attendu qu'on tient compte seulement des unités entières.

CINQUANTE-QUATRIÈME LEÇON.

PRÉPARATION : Il est souvent expéditif de décomposer une opération semblable aux précédentes, en plusieurs autres plus simples. S'il s'agit, par exemple, de prendre les $\frac{16}{25}$ de 325,

au lieu de multiplier par 16 et de diviser par 25 le nombre 325, je décompose $\frac{16}{25}$ en $\frac{5}{25}$, $\frac{5}{25}$, $\frac{5}{25}$, $\frac{1}{25}$; je prends les $\frac{5}{25}$ ou $\frac{1}{5}$ de 325 et j'obtiens 65 que je répète trois fois, comme ci-contre. Maintenant j'observe que $\frac{1}{25}$ est $\frac{1}{5}$ de $\frac{5}{25}$. Prendre $\frac{1}{25}$ de 325 revient donc à prendre $\frac{1}{5}$ de 65; il est de 13. J'additionne alors les 4 résultats. Leur somme 208 forme visiblement les $\frac{16}{25}$ du nombre donné.

$$
\begin{array}{r|r}
 & 325 \\
 & {}^{16}/_{25} \\
\hline
{}^{5}/_{25} & 65 \\
 & 65 \\
 & 65 \\
{}^{1}/_{25} & 13 \\
\hline
 & 208
\end{array}
$$

Il convient d'écrire dans une colonne à gauche, vis-à-vis de chaque produit partiel,

la fraction qui l'a donné; car on pourrait ne pas se la rappeler, au moment où il serait nécessaire de la connaître.

D. Qu'est-ce que les parties aliquotes d'un nombre?

R. On appèle parties aliquotes d'un nombre, celles qui sont contenues un nombre entier de fois dans ce nombre.

Exemples : Les parties aliquotes de 12 sont : 6 qui s'y trouve deux fois, 4 qui s'y trouve 3 fois, 3 qui s'y trouve 4 fois, 2 qui s'y trouve 6 fois, 1 qui s'y trouve 12 fois, etc.

Les parties aliquotes de 1 sont : $\frac{1}{2}$ qui s'y trouve 2 fois, $\frac{1}{3}$ qui s'y trouve 3 fois, $\frac{1}{4}$, $\frac{1}{5}$, toutes les fractions à deux termes dont le numérateur est 1, et toutes les fractions décimales ou autres qu'on peut ramener à celles-là, comme 0,01, 0,5, $\frac{3}{15}$ qui égalent respectivement $\frac{1}{100}$, $\frac{1}{2}$, $\frac{1}{5}$.

D. Qu'est-ce que la méthode des parties aliquotes?

R. On a donné le nom de méthode des parties aliquotes, à un procédé de calcul où ces parties sont employées et qui souvent simplifie beaucoup la multiplication par une fraction dont le numérateur surpasse 1. Ce procédé consiste à décomposer la fraction multiplicateur en plusieurs autres qui soient toutes parties aliquotes de l'unité, c'est-à-dire qui aient 1 pour numérateur, après avoir été simplifiées; à

8*

prendre successivement sur le multiplicande les parties indiquées par ces fractions, et à faire le total de tous les résultats. Ce total est le produit cherché.

PRÉPARATION : Un tisserand fait $\frac{5}{8}$ de mètre de toile dans une heure : combien en fera-t-il dans $\frac{5}{4}$ d'heure ?

Solution : Le tisserand fera évidemment les $\frac{5}{4}$ de $\frac{5}{8}$ de mètre, en $\frac{5}{4}$ d'heure. Il faut donc multiplier $\frac{5}{8}$ par $\frac{5}{4}$. Si je multiple d'abord $\frac{5}{8}$ par le numérateur 5, j'obtiendrai $\frac{25}{8}$, et ce produit sera 4 fois trop grand, puisque j'aurai multiplié par un nombre 4 fois plus grand que $\frac{5}{4}$. Pour rendre $\frac{25}{8}$ quatre fois plus petit ou le réduire à la vraie valeur que doit avoir le produit demandé, je puis exprimer que les parties de l'unité sont 4 fois moindres que des huitièmes, ou que l'unité est partagée en 4 fois plus de parties. Or, c'est ce que je fais en multipliant le dénominateur 8 par le dénominateur 4. Ainsi, le produit de $\frac{5}{8}$ par $\frac{5}{4}$ est $\frac{25}{32}$, et on l'obtient en multipliant 5 par 5 et 8 par 4.

D. Quelle est la règle de la multiplication d'une fraction par une fraction ?

R. Le produit de deux fractions est une autre fraction : pour en former le numérateur, il faut multiplier, l'un par l'autre, les deux numérateurs donnés ; pour en former le dénominateur, il faut aussi multiplier, l'un par l'autre, les deux dénominateurs donnés.

CINQUANTE-CINQUIÈME LEÇON.

DIVISION DES FRACTIONS.

D. Comment se fait la division d'une fraction par un nombre entier ou décimal ?

R. Pour diviser une fraction par un nombre entier ou décimal, on divise par ce nombre le numérateur seulement, et l'on donne au résultat le même dénominateur. Cependant, si la division du numérateur ne peut se faire sans reste, il faut multiplier le dénominateur par le nombre diviseur et laisser le numérateur tel qu'il est.

EXEMPLES : *Diviser $\frac{8}{9}$ par 4.*

Je divise 8 par 4, je conserve le dénominateur 9, et j'ai pour quotient $\frac{2}{9}$. Cette fraction $\frac{2}{9}$ est bien en effet le quart de $\frac{8}{9}$, puisqu'elle contient 4 fois moins de neuvièmes.

Diviser $\frac{2}{5}$ par 1,6.

Je divise 2 par 1,6 et j'obtiens 1,25. Donnant à ce résultat le dénominateur de la fraction dividende, j'ai $\frac{1,25}{5}$ ou 0,25 pour le quotient demandé.

Trouver le tiers de $\frac{4}{7}$.

Prendre le tiers de $\frac{4}{7}$, c'est diviser cette fraction par 3 ; mais comme je ne puis diviser 4 exactement par 3, je multiplie le dénominateur 7 par le diviseur et j'ai $\frac{4}{21}$ pour le tiers demandé. Cette fraction $\frac{4}{21}$ est bien le tiers de

$\frac{4}{7}$ ou trois fois plus petite, car elle contient le même nombre de parties de l'unité, et les 21 parties de cette unité étant trois fois plus nombreuses que les 7, sont 3 fois moindres.

Diviser $\frac{2}{5}$ *par* 1,5.

Je multiplie 5 par 1,5 ou 1,5 par 5, attendu que 2 n'est pas exactement divisible par 1,5. J'ai donc pour quotient demandé $\frac{2}{7,5}$, ou $\frac{20}{75}$, les deux termes étant multipliés par 10, ou encore $\frac{4}{15}$, les deux termes étant divisés par 5.

CINQUANTE-SIXIÈME LEÇON.

D. Quelle est la règle de la division d'une fraction par une autre?

R. Pour diviser une fraction par une autre, il faut multiplier la fraction dividende par la fraction diviseur renversée, ou, ce qui revient au même, il faut multiplier en croix, c'est-à-dire le numérateur du dividende par le dénominateur du diviseur, ce qui forme le numérateur du quotient, puis le dénominateur du dividende par le numérateur du diviseur, ce qui forme le dénominateur du quotient.

PROBLÈME: Un journalier bêche $\frac{2}{3}$ d'are par jour. Combien de jours emploiera-t-il à bêcher $\frac{5}{6}$ d'are?

Solution: Il mettra autant de jours que $\frac{5^a}{6}$ contient de fois $\frac{2^a}{3}$. J'ai donc à diviser $\frac{5}{6}$

par $\frac{1}{3}$, pour trouver le nombre de jours demandé. Je fais cette division en multipliant 5 par 3 et 6 par 2. Le premier produit est le numérateur, et le second, le dénominateur du quotient $\frac{15}{12}$, nombre fractionnaire qui montre que le journalier emploiera 1 jour et quart pour bêcher les $\frac{5}{6}$ d'are.

$$\frac{5}{6} \quad \frac{2}{3}$$
$$\frac{15}{12} \quad 1\,\tfrac{1}{4}$$

DÉMONSTRATION : La réponse est juste, car si je divise d'abord $\frac{5}{6}$ par 2, en multipliant le dénominateur par 2, j'emploie un diviseur trois fois trop grand, et par conséquent le quotient $\frac{5}{12}$ est trois fois trop petit. Pour obtenir le véritable, il reste donc à multiplier $\frac{5}{12}$ par 3, ce qui donne $\frac{15}{12}$.

PRÉPARATION : Un homme consomme $\frac{3}{4}$ de kilogramme de pain par jour, et il en a 14^{kg},76. Combien de jours durera cette provision ?

Solution : La provision durera autant de jours, qu'il y a de fois $\frac{3}{4}$^{kg} dans 14^{kg},76. J'ai donc à diviser 14,76 par $\frac{3}{4}$, pour trouver la réponse. Or, je puis donner 1 pour dénominateur à 14,76 sans altérer ce nombre. Appliquant alors la règle de la division d'une fraction par une autre, je multiplierai 14,76 par 4, puis 1 par 3, et je diviserai le premier produit 59,04 par le second 3. J'aurai ainsi $\frac{59,04}{3}$ ou 19 jours, et il y aura encore $\frac{2,04}{4}$^{kg} ou 0^{kg},51 de pain, après 19 jours de consommation ; car le reste 2,04 provenant de 14,76 multipliés par 4, est 4 fois trop grand.

D. Comment se fait la division d'un nombre entier ou décimal par une fraction ?

R. Pour diviser un nombre entier ou décimal par une fraction, il faut multiplier ce nombre par le dénominateur, et diviser le produit par le numérateur.

CINQUANTE-SEPTIÈME LEÇON.

MULTIPLICATION DES NOMBRES FRACTIONNAIRES.

D. Comment se fait la multiplication des nombres fractionnaires?

R. Si les nombres fractionnaires sont à deux termes, on les multiplie à la manière des fractions. Dans le cas contraire, on peut les convertir en nombres à deux termes, puis les multiplier comme des fractions ; mais il est parfois plus simple d'appliquer la méthode des parties aliquotes. Lorsque cette méthode est employée, il convient de multiplier l'entier du multiplicande, puis la fraction, d'abord par l'entier du multiplicateur, et ensuite par la fraction. Ces opérations terminées, il ne reste plus qu'à faire le total des produits partiels, pour avoir le produit cherché.

PROBLÈME : Des batteurs qui faisaient $4^{hl}\frac{3}{4}$ de blé par jour, ont travaillé $6^{j}\frac{2}{5}$. Combien a-t-on d'hectolitres?

1re *Solution :* Il faut, pour trouver la ré-

ponse, répéter $4^{hl} \frac{5}{4}$ six fois et $\frac{2}{5}$ d'une fois. Je multiplie d'abord 4^{hl} par 6, et j'ai 24^{hl}.

	4^{hl}	$\frac{5}{4}$		
	6^{i}	$\frac{2}{5}$		
	24			
$\frac{2}{4}$	3			
$\frac{1}{4}$	1	$\frac{1}{2}$	10	
$\frac{1}{5}$	0	$\frac{19}{20}$	19	20
	0	$\frac{19}{20}$	19	
50	$\frac{2}{5}$	$\frac{48}{20}$		

Ensuite j'observe que si au lieu de $\frac{5}{4}$ d'hectolitre, j'avais 1^{hl} au multiplicande, j'obtiendrais 6^{hl} en le multipliant par 6. Or, je dois avoir pour $\frac{5^{hl}}{4}$ les $\frac{3}{4}$ de ce que j'aurais pour 1^{hl}, c'est-à-dire les $\frac{3}{4}$ de 6^{hl}. Je suis donc conduit à regarder l'entier du mul-tiplicateur comme exprimant les mêmes choses que le multiplicande, et à prendre les $\frac{5}{4}$ de cet entier. Afin de rendre l'opération plus simple, je décompose $\frac{3}{4}$ en parties aliquotes de l'unité, c'est-à-dire en $\frac{2}{4}$ ou $\frac{1}{2}$ et $\frac{1}{4}$. Alors, pour avoir le produit de $\frac{2^{hl}}{4}$, par 6^{i}, je dis : la moitié de 6 est 3, et j'écris 3 au-dessous des unités de 24. Pour avoir le produit de $\frac{1^{hl}}{4}$ par 6^{i}, je prends $\frac{1}{4}$ de 6^{hl} ou plutôt la moitié du produit 3^{hl} de $\frac{2}{4}$, et j'écris cette moitié $1^{hl} \frac{1}{2}$ au-dessous des deux premiers produits partiels, de manière que les unités de même espèce soient en colonne.

Il s'agit maintenant de multiplier $4^{hl} \frac{3}{4}$ par $\frac{2}{5}$. Je décompose $\frac{2}{5}$ en $\frac{1}{5}$ et $\frac{1}{5}$, puis je dis : le cinquième de 4 est 0 ; 4 réduit en quarts donne $\frac{16}{4}$, et $\frac{3}{4}$ font $\frac{19}{4}$; le cinquième de $\frac{19}{4}$ est $\frac{19}{20}$. J'écris une seconde fois ce dernier produit $0^{hl} \frac{19}{20}$, puisque j'ai à prendre de nouveau $\frac{1}{5}$ du multiplicande.

Avant de procéder à l'addition des produits partiels, il faut réduire les fractions au même

dénominateur. Le moindre est 20. Je p'ace les nouveaux numérateurs en colonne, chacun vis-à-vis de la fraction correspondante; je tire un trait le long de cette colonne, à droite, et j'écris le dénominateur commun 20 de l'autre côté de ce trait.

La somme des fractions modifiées est $\frac{48}{20}$ ou $2\frac{8}{20}$ ou $2\frac{2}{5}$. J'écris $\frac{2}{5}$ au-dessous des fractions non modifiées, et je reporte 2^{ht} sur la colonne des unités entières. Je trouve ainsi pour réponse, $30^{ht}\frac{2}{5}$.

Au lieu de décomposer $\frac{5}{4}$, on pourrait dire 6 fois $\frac{3}{4}$ font $\frac{18}{4}$ ou $4\frac{2}{4}$ ou $4\frac{1}{2}$; et l'on n'aurait qu'un seul produit partiel au lieu des deux 3 et $1\frac{1}{2}$. Mais il faut préférer la décomposition dans bien des cas : elle rend le calcul beaucoup plus simple que la multiplication directe.

2e *Solution :* Voici maintenant comment je résoudrais le même problème, en réduisant les deux facteurs en nombres à deux termes. Je dirais : 4^{ht} réduits en quarts, donnent $\frac{16}{4}^{ht}$, et $\frac{3}{4}$ font $\frac{19}{4}^{ht}$; 6^j réduits en cinquièmes, donnent $\frac{30}{5}^j$, et $\frac{2}{5}$ font $\frac{52}{5}^j$. J'aurais donc à multiplier $\frac{19}{4}^{ht}$ par $\frac{52}{5}^j$. Multipliant numérateur par numérateur et dénominateur par dénominateur, j'obtiendrais, pour produit, $\frac{608}{20}^{ht}$; divisant 608^{ht} par 20, je trouverais enfin $30^{ht}\frac{2}{5}$, comme tout à l'heure.

REMARQUE : Il est aisé de voir que ce procédé conduirait à des multiplications et à des divisions fort longues, si les entiers des deux facteurs avaient chacun beaucoup de chiffres, au lieu d'en avoir un seul, et si les dénominateurs des fractions étaient un peu grands.

CINQUANTE-HUITIÈME LEÇON.

D. Comment fait-on la multiplication de la fraction du multiplicande par l'entier du multiplicateur ?

R. Lorsqu'en employant la méthode des parties aliquotes, on arrive à la multiplication de la fraction du multiplicande par l'entier du multiplicateur, on change l'ordre de ces facteurs : l'entier regardé comme exprimant les mêmes choses que celui du multiplicande, est multiplié par la fraction ; il en résulte plus de simplicité et d'uniformité dans le calcul.

D. Quelle est la preuve habituelle de la multiplication des nombres fractionnaires ?

R. Comme la preuve par 9 n'est pas aisément applicable à la multiplication des nombres fractionnaires, on éprouve ordinairement cette opération en multipliant le double de l'un des facteurs par la moitié de l'autre. Le nouveau produit égale celui qu'il s'agit de vérifier, quand toutes les opérations ont été bien faites.

Exemple : Pour faire la preuve de la multiplication précédente, je double le multiplicande $4^{hl} \frac{3}{4}$ et j'ai $9^{hl} \frac{1}{2}$; je prends la moitié du multiplicateur $6^{j} \frac{2}{5}$ et j'ai $3^{j} \frac{1}{5}$; je multiplie enfin $9^{hl} \frac{1}{2}$ par $3^{j} \frac{1}{5}$, et comme j'obtiens un produit égal à celui qu'il s'agit de vérifier, je conclus que ce dernier est exact.

9

CINQUANTE-NEUVIÈME LEÇON.

DIVISION DES NOMBRES FRACTIONNAIRES.

D. Comment se fait la division des nombres fractionnaires?

R. La division des nombres fractionnaires à deux termes, se fait absolument comme celle des fractions; quant aux autres, il convient de les convertir en nombres à deux termes, pour les diviser.

PROBLÈME : On veut que $100^{kg}\frac{4}{5}$ de foin durent $12^j\frac{1}{2}$. Quelle doit être la ration journalière?

Solution : Il s'agit de partager les $100^{kg}\frac{4}{5}$ entre les $12^j\frac{1}{2}$. Il faut donc diviser $100^{kg}\frac{4}{5}$ par $12^j\frac{1}{2}$. Pour cela, je convertis 100 en cinquièmes, j'y ajoute la fraction $\frac{4}{5}$ et j'ai $\frac{504}{5}$; je convertis 12 en demies, j'y ajoute la fraction $\frac{1}{2}$, et j'ai $\frac{25}{2}$, Ensuite, je multiplie le dividende $\frac{504}{5}^{kg}$ par le diviseur $\frac{25}{2}$ renversé, c'est-à-dire que je multiplie 504 par 2, et 5 par 25. J'obtiens ainsi, pour quotient, $\frac{1008}{125}^{kg}$. Extrayant les unités entières, je trouve enfin que la ration doit être d'environ 8 kilogrammes.

SOIXANTIÈME LEÇON.

QUESTIONS A TROIS TERMES.

PRÉPARATION : Toute question qui se résout, soit par une seule multiplication, soit par une seule division, présente trois nombres parmi

lesquels figure toujours l'unité. Par exemple : le mètre d'un certain ouvrage coûte 6^f ; combien coûteront 15^m? Cette question présente les nombres 1^m, 6^f, 15^m, et se résout par une simple multiplication.

Autre exemple : Un ouvrier a mis 100^j pour faire un ouvrage ; combien 10^{ouv} travaillant de la même manière, mettront-ils de jours pour exécuter un ouvrage tout-à-fait pareil? Cette question se résout par une simple division et renferme les nombres 1^{ouv}, 100^j, 10^{ouv}.

Mais il arrive que certaines questions, au lieu de présenter l'unité et le nombre qui s'y rapporte, qui en *dépend*, donnent deux nombres au moyen desquels on peut toujours trouver le *dépendant* de l'unité. Pour les distinguer des questions où ce dépendant est donné, on les appèle *questions à trois termes*. Les autres ont bien aussi trois termes, mais un de ces nombres est l'unité qu'on ne compte point.

Voici un exemple des questions à trois termes : On a dépensé 48^f en 8^j ; combien dépensera-t-on en un mois, si l'on continue toujours la même manière de vivre?

Les trois termes du problème sont 48^f, 8^j et un mois ou 30^j. Il y en a deux qui, exprimant les mêmes choses, se ressemblent, sont *semblables*; ce sont les nombres 8^j et 30^j. Le troisième, 48^f a une unité pareille à celle du nombre demandé, et il *dépend* de 8^j, comme la dépense cherchée dépend de 30^j; car il est clair qu'une dépense totale varie en même temps que le nombre des jours pendant lesquels on consomme.

Si nous connaissions le dépendant de l'unité, c'est-à-dire la dépense faite en un jour, nous n'aurions qu'à la multiplier par 50^j pour avoir la dépense qui sera faite en un mois. Mais, puisqu'en 8^j il a été dépensé 48^f, la dépense journalière est le huitième de 48^f, ou 6^f. Par conséquent, en 50^j on dépensera 50 fois 6^f ou 180^f.

Vous voyez donc qu'une question à trois termes peut se décomposer en deux autres : l'une demande le dépendant de l'unité des nombres semblables ; l'autre demande le dépendant d'un de ces nombres. La question précédente, par exemple, se décompose en ces deux ci : 1° on a dépensé 48^f en 8^j ; quelle a été la dépense pour 1^j? 6^f ; 2° on dépense 6^f par jour, quelle sera la dépense pour 50^j? 180^f.

D. Qu'est-ce qu'une question à trois termes ?

R. On appèle question à trois termes, un problème dont la solution s'obtient au moyen de trois nombres donnés, plus grands ou plus petits que l'unité, sur lesquels s'effectuent une division et une multiplication.

D. Quels noms reçoivent les nombres d'une question à trois termes ?

R. Deux des nombres donnés expriment absolument les mêmes choses et se nomment, pour cela, *nombres semblables* ; le troisième et celui qu'on cherche sont aussi semblables, mais comme ils dépendent des deux premiers, ils portent le nom de *nombres dépendants*.

SOIXANTE-UNIÈME LEÇON.

D. En quoi consiste la dépendance des nombres dépendants?

R. Pour qu'un problème qui donne trois nombres, soit réellement une question à trois termes, il faut que les nombres dépendants se doublent ou se réduisent à moitié, lorsque l'on double les nombres semblables.

EXEMPLES : Dans ce problème : 18^{kg} de marchandise ont coûté 12^f, combien coûteront 50^{kg}? le nombre dépendant 12^f, sera nécessairement doublé, si l'on double le nombre 18^{kg} duquel il dépend : 55^{kg} de marchandise coûteraient 24^f, puisque 18^{kg} ont coûté 12^f.

Dans cet autre problème : 6 ouvriers ont mis 14^j pour faire un ouvrage; combien 5 de ces ouvriers mettront-ils de jours pour faire le même ouvrage? le nombre dépendant 14^j se réduira nécessairement à moitié, si l'on double le nombre 6^{ouv} duquel il dépend : 12^{ouv} emploieraient seulement 7^j pour faire un ouvrage que 6^{ouv}, travaillant de la même manière, auraient fait en 14^j.

Il n'en est pas de même dans ce troisième problème : 4 chevaux ont charrié $2\,000^{kg}$ à une certaine distance, dans un seul jour; quel poids pourront charrier 12 *autres* chevaux, à la même distance et dans le même temps? Rien ne dit si chacun des nouveaux chevaux égale en force, chacun de ceux qui ont déjà travaillé, et par

conséquent, les nombres 4 et 12 ne sont pas
parfaitement semblables. Rien ne dit non plus
que les 2000^{kg} forment la charge complète
des 4 chevaux; il serait donc possible que 8
chevaux pareils à ceux-là, fussent capables de
transporter plus du double de 2000^{kg}, et conséquemment, on ne pourrait pas conclure la
charge complète de 12 chevaux, du poids qui
a été transporté par les 4 chevaux déjà employés. On ne le pourrait pas non plus, quand
bien même 2000^{kg} feraient la charge complète
de 4 chevaux : 8 chevaux attelés à la même
voiture ne traîneraient pas le double de ce
qu'ont traîné 4 chevaux, et 12 chevaux ne
traîneraient pas le triple; car plus les chevaux
d'un seul attelage sont nombreux, plus ils se
gênent les uns les autres.

Ainsi, les nombres de chevaux ne sont pas
parfaitement semblables, et les poids ne doublent pas nécessairement en même temps que
ces nombres. Le problème n'est donc pas une
question à trois termes. Pour qu'il en fût une,
il faudrait le modifier comme il suit : 4 chevaux attelés chacun à une voiture, et complète-
ment chargés, ont charrié 2000^{kg} à une certaine
distance, dans un seul jour ; quel poids pourront charrier à la même distance et dans le
même temps, 12 chevaux égaux aux premiers
et pareillement attelés? Alors les nombres 4
et 12 expriment bien les mêmes choses, et il
est clair que si l'on prend un nombre double
d'attelages égaux à ceux qui ont été employés,
on pourra transporter un poids double.

D. Quelle est la marche à suivre pour résoudre une question à trois termes?

R. Avant de résoudre un problème qui fournit trois nombres, il faut examiner si deux de ces nombres sont parfaitement semblables, et si le dépendant donné se double nécessairement ou se réduit à moitié, quand on double le nombre duquel il dépend. Lorsqu'il en est ainsi, on décompose la question en deux autres : c'est-à-dire qu'on se demande d'abord quel est le dépendant de l'unité des nombres semblables, puis quel est le dépendant de celui de ces nombres qui n'en a pas encore.

SOIXANTE-DEUXIÈME LEÇON.

D. Comment se calcule le dépendant de l'unité des nombres semblables?

R. Si le dépendant donné se double, quand on double le nombre duquel il dépend, on divise le premier de ces deux nombres par le second, pour avoir le dépendant de l'unité; si le dépendant donné se réduit à moitié, quand on double le nombre duquel il dépend, on multiplie le premier de ces deux nombres par le second.

D. Comment se calcule le dépendant qui répond au problème?

R. Si le dépendant de l'unité a été obtenu par division, il faut le multiplier

par le troisième des nombres donnés, pour avoir le dépendant de ce nombre ou la réponse cherchée; si le dépendant de l'unité a été obtenu par multiplication, il faut le diviser par le troisième des nombres donnés.

PROBLÈME : Un champ de 4 hectares a exigé 6 mesures de semence. Combien de mesures emploiera le même homme, pour ensemencer une pièce de 7 hectares?

Solution : Les nombres 4 et 7 exprimant des hectares de terre sont bien semblables, et puisque c'est toujours le même homme qui sème, on ne peut doubler le nombre des hectares, sans doubler aussi le nombre des mesures.

Il s'agit donc d'une question à trois termes. Je cherche d'abord la réponse à celle-ci : 4 hectares ont exigé 6 mesures; combien a-t-il fallu de mesures pour 1 hectare? Afin d'avoir le dépendant de l'unité, je divise le dépendant donné 6mes, par le nombre $4^{h.a}$ duquel il dépend, et je trouve $1^{mes} \frac{1}{2}$.

Je cherche ensuite la réponse à cette autre question : $1^{h.a}$ a exigé $1^{mes} \frac{1}{2}$; combien faudra-t-il de mesures pour $7^{h.a}$? Afin d'avoir le dépendant cherché, je multiplie le dépendant de l'unité $1^{mes} \frac{1}{2}$, par 7, le troisième des nombres donnés, et j'obtiens $10^{mes} \frac{1}{2}$, pour la réponse du problème.

OBSERVATION : On arrive au même résultat et l'on évite la multiplication d'un nombre fractionnaire, en multipliant d'abord 6mes par 7, et divisant ensuite par 4 le produit 42mes. Néan-

moins, il convient de ne procéder ainsi, qu'après avoir indiqué dans leur ordre véritable, les opérations à faire. Pour cela, on dispose les nombres comme ci-contre : le dépendant donné et le nombre duquel il dépend, sont placés sur

$$4^{h,a} \qquad 6^{mes}$$
$$7$$
$$\frac{6^m}{4} \times 7 = \frac{42^m}{4} = 10^m\frac{1}{2}$$

la même ligne ; le second des nombres semblables est mis au-dessous du premier ; puis on écrit $\frac{6^{mes}}{4}$, pour indiquer le quotient de 6mes divisées par 4 ; on écrit $\frac{6^{mes}}{4} \times 7$, pour indiquer le produit de ce quotient multiplié par 7, car le signe $\times$ remplace les mots *multiplié par*. Ensuite on effectue la multiplication de 6mes par 7, et l'on écrit $\frac{6^m}{4} \times 7 = \frac{42^{mes}}{4}$, pour exprimer que $\frac{6^{mes}}{4} \times 7$ égalent $\frac{42^{mes}}{4}$, car le signe $=$ remplace le mot *égale*. Enfin, après avoir effectué la division de 42mes par 4, on écrit $\frac{42^{mes}}{4} = 10^{mes}\frac{1}{2}$.

Mais, lorsqu'on présente ainsi un calcul au moyen des signes *divisé par*, *multiplié par*, *égale*, il faut avoir grand soin de mettre absolument le même nombre de chaque côté du signe $=$; autrement il n'y aurait pas égalité. Si vous écriviez, par exemple, $\frac{18}{2} = 9 \times 3 = 27$, l'égalité serait fausse ou n'existerait pas, car 18 divisé par 2, donne 9, et n'égale pas 3 fois 9. L'erreur des élèves qui écrivent ainsi, provient de ce qu'ils n'étendent la portée du signe $=$ que jusqu'au signe $\times$; c'est à tort : le signe $=$ marque que tout ce qui le précède vaut tout ce qui le suit, jusqu'à un autre signe $=$. Pour exprimer que la moitié de 18 multipliée par 3, donne 27, il faudrait écrire

$\frac{18}{2} \times 3 = 27$, ou bien $\frac{18}{2} \times 3 = 9 \times 3 = 27$, ou encore $\frac{18}{2} \times 3 = \frac{54}{2} = 27$, ou enfin $\frac{18}{2} = 9$, puis $9 \times 3 = 27$.

SOIXANTE-TROISIÈME LEÇON.

PROBLÈME : Dans une année ordinaire, **un champ de blé a été moissonné en 5ʲ**, par **18ᵒᵘᵛ**. Combien faudra-t-il d'ouvriers aussi bons, pour moissonner, cette année, en 3ʲ, une récolte ordinaire dans le même champ ?

Solution : Puisque la qualité des ouvriers ne change pas, la journée de travail produira, cette année, autant d'effet qu'elle en a produit l'autre année. Les nombres 5ʲ et 3ʲ sont donc parfaitement semblables. Par la même raison, si l'on voulait employer un nombre de jours double de 5, on n'aurait besoin que de la moitié des 18ᵒᵘᵛ. Les règles des questions à trois termes sont donc applicables.

Je me fais d'abord cette demande : un champ a été moissonné en 5ʲ par 18ᵒᵘᵛ ; combien faudra-t-il d'ouvriers pour le moissonner en un seul jour ? Je dois, pour y répondre, multiplier 18ᵒᵘᵛ par 5. Je me fais ensuite cette autre demande : 5 fois 18ᵒᵘᵛ sont nécessaires pour moissonner un champ en un seul jour ; combien faut-il de ces ouvriers pour le moissonner en

$$\begin{array}{cc} 5^{\text{j}} & 18^{\text{ouv}} \\ 3 & \end{array}$$

$$\frac{18^{\text{ouv}} \times 5}{3} = \frac{90^{\text{ouv}}}{3} = 30^{\text{ouv}}$$

3ʲ ? J'y réponds en divisant par 3 le produit de 18ᵒᵘᵛ $\times$ 5, et je trouve que la réponse du problème est 30ᵒᵘᵛ.

PROBLÈME : Une provision d'avoine pourra nourrir toute l'année 5 chevaux, si la ration journalière est de 4 litres. A combien devra se réduire la ration, pour que la provision puisse nourrir pendant le même temps, un cheval de plus?

Solution : Un cheval de plus fera 6 chevaux. Comme les chevaux reçoivent tous la même ration, ils sont égaux sous le rapport de la consommation. Les nombres 5 et 6 sont donc parfaitement semblables. Mais, plus il y a de chevaux, plus il y a de litres d'avoine consommés chaque jour. Si donc on avait 10 chevaux au lieu de 5, il faudrait que la ration fût 2^l, au lieu de 4, pour que la provision durât le même temps. Ainsi, le nombre dépendant se réduit à moitié, quand on double le nombre duquel il dépend.

D'après cela, je multiplie le dépendant 4^l par 5, pour avoir la ration que pourrait recevoir un seul cheval; puis, je divise le produit par 6, pour connaître la ration de chacun des 6 chevaux. Elle doit être de $5^l,333$ à moins de 1 millième près.

$$5^{ch} \quad 4^l$$
$$6$$
$$\frac{4^l \times 5}{6} = \frac{20^l}{6} = 5^l,333$$

SOIXANTE-QUATRIÈME LEÇON.

D. Une question à trois termes ne présente-t-elle jamais plus de trois nombres?

R. Il arrive souvent qu'il y a plus de trois nombres donnés, dans une question

à laquelle peuvent être appliquées les règles des questions à trois termes; mais il est toujours facile alors de réduire à trois tous les nombres donnés.

PRÉPARATION : Un roulier a fait 195 lieues, en marchant pendant 20^j et 10^h par jour. Pendant combien d'heures devra-t-il marcher chaque jour, pour parcourir 125^{li} en 14^j avec la même vitesse?

Solution : Afin de réduire à trois les cinq nombres donnés, j'observe que le roulier ayant fait 195^{li} en 20^j, faisait par jour $\frac{1}{20}$ de 195^{li} ou $\frac{195^{li}}{20}$ et que devant faire 123^{li} en 14^j, il fera nécessairement $\frac{1}{14}$ de 123^{li} par jour ou $\frac{123}{14}$ de lieue, puisque sa vitesse ne changera pas.

La question revient donc à celle-ci qui n'a plus que 3 termes : un roulier a fait $\frac{195^{li}}{20}$ en 10^h; quel temps emploiera-t-il pour faire $\frac{125}{14}$? Or, si l'on double les lieues, on mettra le double d'heures à les faire. D'ailleurs, les nombres de lieues sont bien semblables; les règles des questions à trois termes sont donc applicables. Ainsi, je divise 10^h par $\frac{195^{li}}{20}$, pour connaître le temps employé à faire une lieue; puis je multiplie le quotient par $\frac{123^{li}}{14}$.

$$195^{li} \quad 20^j \quad 10^h$$
$$123 \qquad 14$$

$$\frac{195^{li}}{20} \qquad 10^h$$

$$\frac{123}{14}$$

$$\frac{10^h}{\frac{195}{20}} \times \frac{123}{14} = \frac{10^h \times 123 \times 20}{14 \times 195}$$

$$= \frac{24600^h}{2750} = 9^h \, 39''$$

Le produit donne la durée de la marche journalière : elle est de 9^h $59''$, à moins de $1''$ près.

AUTRE PROBLÈME : On a payé 216^f à 15 ouvriers qui ont travaillé pendant 8^j et 12^h par jour. Combien dépensera-t-on pour faire travailler 6^{ouv} pendant 20^j et 10^h par jour, l'heure de travail étant toujours au même prix ?

Solution : Il faut, avant tout, réduire à trois les 7 nombres donnés. Pour cela, j'en réduis quatre à l'unité, en observant que travailler 12^h journellement, pendant 8^j, revient à travailler 1^h pendant 12 fois 8^j; que faire travailler 15^{ouv} pendant $8^j \times 12$, revient à faire travailler 1^{ouv} pendant $8^j \times 12 \times 15$, et que, pour les mêmes raisons, 6^{ouv} travaillant 20^j et 10^h par jour, équivalent à 1^{ouv} qui travaillerait $20^j \times 10 \times 6$ et 1^h par jour.

La question devient donc celle-ci qui n'a plus que trois termes : un nombre de journées égal au produit de $8^j \times 12 \times 15$ a exigé une dépense de 216^f; combien faudra-t-il dépenser pour un nombre de journées égal au produit de $20^j \times 10 \times 6$? Or, les nombres de journées sont bien semblables sous le rapport de la dépense, puisque le prix de l'heure de travail est resté le même, et si l'on faisait travailler pendant un nombre de jours double, la dépense serait évidemment doublée. Les règles des questions à trois termes sont donc applicables. Divisant 216^f par $8^j \times 12 \times 15$, j'aurai le prix de la journée de 1^h pour un seul ouvrier; multipliant le quotient par $20^j \times 10 \times 6$, j'obtiendrai la dépense cherchée : elle sera de 180^f.

$$15^{ouv} \quad 8^j \quad 12^h \qquad 216^f$$
$$6 \quad 20 \quad 10$$
$$8^j \times 12 \times 15 \qquad 216^f$$
$$20' \times 10 \times 6$$
$$\frac{216^f}{8 \times 12 \times 15} \times 20 \times 10 \times 6 = 180^f$$

OBSERVATION : Il convient de se borner à indiquer les opérations à faire, jusqu'au moment où elles sont toutes déterminées; alors seulement on effectue les calculs, pour trouver enfin la réponse à la question. Une pareille marche a l'avantage de laisser l'esprit tout entier, d'abord au travail qu'exige la solution du problème, et ensuite au calcul du résultat final : elle permet en outre de simplifier, par la suppression des facteurs égaux que peuvent avoir le multiplicateur et le diviseur du dépendant donné.

D. Comment se ramènent aux questions à trois termes, celles qui donnent plus de trois nombres?

R. Lorsqu'une question présente plus de deux nombres semblables, on écrit, sur une même ligne, tous les nombres relatifs au dépendant donné, et au-dessous, tous les nombres relatifs au dépendant cherché; puis, selon le cas, on multiplie ou l'on divise les nombres de chaque ligne les uns par les autres, pour en former un seul et réduire à l'unité ceux qui diffèrent de celui-là par leur nature. Il ne reste plus alors que deux nombres semblables; on

peut voir si les règles des questions à trois termes sont applicables, et déterminer celle qu'il convient d'employer.

SOIXANTE-CINQUIÈME LEÇON.

INTÉRÊTS SIMPLES.

D. Qu'est-ce que l'intérêt d'une somme d'argent prêtée?

R. L'intérêt d'une somme prêtée est une somme moindre qu'on doit payer au prêteur, à une époque convenue, pour avoir joui du prêt jusqu'à cette époque.

OBSERVATION : L'intérêt s'appèle aussi *rente;* on doit le considérer comme le loyer de l'argent: il est en effet pour le prêteur, ce qu'est le loyer d'une ferme pour le propriétaire ; une partie de l'intérêt fait participer le prêteur aux avantages que l'emprunteur peut retirer du prêt; l'autre partie est destinée à couvrir les pertes qu'on s'expose à faire en prêtant.

D. Comment nommez-vous une somme prêtée ?

R. Une somme prêtée ou placée à intérêt est un *capital;* son propriétaire se désigne par l'épithète de *capitaliste.*

D. Qu'est-ce que le taux de l'intérêt?

R. On appèle *taux,* l'intérêt de 100^f pour une unité de temps déterminée. Ordinairement l'unité de temps est l'année et le taux est 5^f ; c'est là ce qu'on nomme

le *taux légal*: la loi n'en reconnait pas d'autre; cependant, elle tolère que, dans le commerce, le taux soit porté à 6^f.

D. Comment exprime-t-on le taux d'un prêt?

R. Au lieu de dire que le taux d'un prêt est 5^f ou 6^f, on dit habituellement que le prêt est fait, qu'une somme est placée *à 5 pour cent, à 6 pour cent*. Ces expressions s'écrivent en abrégé par un 5 ou un 6, suivi de la lettre *p* et de deux zéros séparés par un trait, comme les termes d'une fraction.

EXEMPLES: Si je veux exprimer que la somme 2000^f est prêtée ou placée à 5 pour cent, j'écris: 2000^f 5 *p*. %.

S'il s'agit d'une somme de 1565^f qui doit rapporter un intérêt de 6 pour cent, j'écris 1565^f 6 *p*. %.

D. A quelle unité de temps, autre que l'année, se rapporte encore le taux?

R. Les commerçants et les banquiers rapportent souvent le taux au mois: ils prêtent ou empruntent à $\frac{1}{2}$ *p*. % par mois, par exemple. Mais il est facile de passer du taux mensuel au taux annuel et du second au premier.

SOIXANTE-SIXIÈME LEÇON.

D. Comment obtenez-vous le taux annuel, quand le taux mensuel est connu?

R. Puisqu'il y a 12 mois dans l'année, et que le loyer de 100^f prêtés pendant 12 mois, doit être 12 fois plus grand que le loyer de la même somme prêtée pendant un seul mois, il suffit de multiplier par 12 le taux mensuel, pour le convertir en taux annuel.

EXEMPLE : L'argent prêté à $\frac{1}{2}$ p. % par mois, est prêté à 12 fois $\frac{1}{2}$ ou 6 p. % par an.

D. Comment trouvez-vous le taux mensuel, quand le taux annuel est connu?

R. Puisqu'un mois est le douzième de l'année, le taux mensuel est le douzième du taux annuel; il faut donc diviser le second par 12, pour obtenir le premier.

EXEMPLE : L'argent prêté à 5 p. % par an, est prêté à $\frac{5}{12}$ p. % par mois, c'est-à-dire que 100^f rapporteraient en un mois, $\frac{5}{12}$ de francs.

D. Qu'entendez-vous par *intérêt simple?*

R. L'intérêt est dit *simple*, lorsqu'il ne s'ajoute pas au capital pour produire rente l'année suivante. Le capitaliste peut l'exiger à la fin de chaque année; mais s'il ne le réclame point, l'emprunteur n'est pas tenu d'en payer l'intérêt.

D. Qu'entendez-vous par *intérêt composé?*

R. L'intérêt est dit *composé*, lorsqu'il s'ajoute au capital pour produire rente l'année suivante. Le capitaliste ne peut

l'exiger, ni l'emprunteur le payer à la fin de chaque année; mais, à l'époque convenue pour régler le compte, le second doit au premier le capital primitif, augmenté des intérêts et des intérêts de chaque intérêt, excepté celui de la dernière année.

SOIXANTE-SEPTIÈME LEÇON.

D. Comment se calcule l'intérêt simple d'une somme prêtée pour l'unité de temps?

R. Calculer l'intérêt d'une somme pour le temps auquel se rapporte le taux, revient à résoudre une simple question à trois termes. La somme donnée et 100^f sont les nombres semblables, le taux est le dépendant de 100^f, et il s'agit de trouver le dépendant de la somme donnée.

PROBLÈME : Quel est l'intérêt annuel de $3\,520^f$ à 5 p. %?

Solution : C'est comme si l'on disait : 100^f rapportent 5^f, combien rapporteront $3\,520^f$? La somme $3\,520^f$ et 100^f étant prêtés ou placés pour le même temps, pour un an, sont bien des nombres semblables, et le problème est bien une question à trois termes, puisque si l'on double un capital, l'intérêt se double aussi, évidemment.

Je divise donc le taux 5^f par 100, pour avoir l'intérêt de 1^f; puis je multiplie le quotient par 3520, pour avoir l'intérêt demandé : il est de 176^f.

100^f　　5^f
$3\,520$
$$\frac{5^f}{100} \times 3\,520 = 176^f$$

D. Comment se calcule l'intérêt simple d'une somme prêtée pour un temps qui diffère de celui du taux?

R. Lorsque le temps de l'intérêt diffère de celui du taux, quatre nombres sont donnés; mais pour ramener le problème à une question à trois termes, il suffit de multiplier le capital par le temps exprimé au moyen de l'unité de temps du taux.

PROBLÈME : Combien rapporteront en 18 mois 1 300^f à 6 p. $%$?

Solution : Les 18 mois forment 1^{mois} $\frac{1}{2}$ ou 1^a,5. Or 1 300^f placés pendant 1^a,5 rapporteront autant que 1 300$^f \times$ 1,5 ou 1 950^f pendant une année, de même que 1 300^f placés pendant 3^a, par exemple, rapporteraient autant que le triple de cette somme pendant un an. Les quatre nombres donnés se trouvent donc ré-

1300^f 1^a,5
1300$^f \times$ 1 5 = 1 950^f
100^f 6^f
1950

$$\frac{6^f}{100} \times 1\,950 = 117^f$$

duits aux trois suivants 100^f, 6^f et 1 950^f. Divisant 6^f par 100 et multipliant le quotient par 1 950, on obtient 117^f pour la réponse à la question.

SOIXANTE-HUITIÈME LEÇON.

D. Comment se calcule le capital, lorsque les intérêts, le temps et le taux sont connus?

R. Les problèmes où l'on propose de cal-

culer le capital, au moyen des intérêts, du temps et du taux, se ramènent aisément à des questions à trois termes : il suffit de diviser les intérêts par le temps exprimé en unités de temps du taux. On n'a plus alors que trois nombres : le quotient obtenu et le taux étant des intérêts pour l'unité de temps, sont deux nombres semblables; 100^f forment le dépendant du taux ; le capital demandé est le second dépendant.

PROBLÈME : Quelle somme devriez-vous placer à 5 $p.$ %, si vous vouliez augmenter votre avoir de 180^f en 3 ans?

Solution : Puisque l'intérêt d'un capital est le même chaque année, il est clair que j'augmenterai mon avoir de 180^f en trois ans, si je place une somme dont l'intérêt annuel soit le tiers de 180^f ou 60^f. J'ai donc à chercher quelle est la somme qui, placée à 5 $p.$ %, rapporterait 60^f en un an. Les nombres 5^f et 60^f sont semblables; si l'on double l'intérêt, le capital double aussi; par conséquent, je divise 100^f par 5 pour avoir le capital qui rapporte 1^f; puis je multiplie ce capital par 60 et j'obtiens $1\,200^f$ pour le capital qui rapporte 60^f par an, ou 180^f en 3 ans. Ce résultat est la somme demandée.

$$180^f \quad 3^a$$
$$\frac{180^f}{3} = 60^f$$
$$5^f \quad \cdot 100^f$$
$$60$$
$$\frac{100^f}{5} \times 60 = 1\,200^f$$

D. Comment se calcule le taux, lorsque le capital, les intérêts et le temps sont connus?

R. Lorsqu'il s'agit de calculer le taux au moyen du capital, des intérêts et du temps, on cherche par une division, l'intérêt pour l'unité de temps du taux. On n'a plus ensuite que trois nombres: le capital et 100^f sont semblables, l'intérêt pour l'unité de temps est le dépendant du capital, et il faut trouver le dépendant de 100^f.

PROBLÈME: Une somme de 2000^f est restée placée pendant 4 ans; elle a rapporté en tout 240^f d'intérêts simples. A quel taux était-elle placée?

Solution: La somme a rapporté annuellement le quart de 240^f ou 60^f. La question revient donc à celle-ci: quel est le taux d'un prêt de 2000^f qui donne un intérêt annuel de 60^f; ou à cette autre: quel est l'intérêt de 100^f, quand celui de 2000 est 60^f? Je divise 60^f par 2000, pour avoir l'intérêt de 1^f; puis je multiplie le quotient par 100, et j'obtiens 3^f pour le taux demandé.

$$240^f \quad 4^a$$
$$\frac{240^f}{4} = 60^f$$
$$2000^f \quad 60^f$$
$$100$$
$$\frac{60^f}{2000} \times 100 = 3^f$$

D. Comment se calcule le temps, lorsque le capital, les intérêts et le taux sont connus?

R. Pour trouver la durée d'un prêt ou d'un placement, au moyen du capital, des intérêts et du taux, il faut chercher l'intérêt du capital pour l'unité de temps du taux,

puis diviser par le résultat, les intérêts donnés.

PROBLÈME : Une somme de 400^f placée à 5 p. $^0/_0$ a rapporté 600^f. Pendant combien d'années est-elle restée placée ?

400^f

100   5^f

$$\frac{5^f}{100} \times 400 = 20^f$$

600^f

$$\frac{600^f}{20^f} = 30^a$$

Solution : Pendant un an, 400^f à 5 p. $^0/_0$ rapportent 20^f. Or 20^f sont contenus 30 fois dans 600^f. Par conséquent, la durée du placement a été de 30 ans.

SOIXANTE-NEUVIÈME LEÇON.

FONDS PUBLICS.

D. Qu'est-ce que les fonds publics ?

R. Les fonds publics sont des capitaux qui ont été prêtés à l'État, dont les propriétaires ne peuvent exiger le remboursement, mais pour lesquels ils touchent des intérêts semestriels.

D. N'y a-t-il aucun moyen de recouvrer les capitaux prêtés à l'État ?

R. On peut rentrer dans les capitaux qu'on a prêtés à l'État, en les vendant à un autre capitaliste; celui-ci peut les vendre à son tour à un troisième, et ainsi de suite. La rente est toujours payée au propriétaire actuel du capital.

D. Que signifient *jouissance de mars, jouissance de septembre ?*

R. Le 22 mars et le 22 septembre sont les époques auxquelles l'État paie les intérêts de la plupart de ses emprunts ; le propriétaire de 5^f de rente sur l'État reçoit 2^f,50 à la première et autant à la seconde.

On met donc *jouissance de mars* ou *jouissance de septembre*; dans un marché sur les fonds publics, pour exprimer que l'acquéreur *jouira* des intérêts à partir du 22 mars ou à partir du 22 septembre.

D. Les rentes sur l'État sont-elles toutes au même taux ?

R. Le taux du plus grand nombre des rentes est 5 p. %; mais l'État a parfois trouvé avantageux d'emprunter un capital moindre que 100^f, moyennant un intérêt de 3^f, 4^f, 4^f,50, et delà sont résultés des fonds publics dits à 3, 4, 4 $\frac{1}{2}$ p. %.

SOIXANTE-DIXIÈME LEÇON.

D. Le capital 100^f des fonds publics se vend-il toujours 100^f ?

R. Lorsque les capitalistes trouvent à placer leurs fonds, avec sécurité, au taux de 5, ils ne consentent point à payer 100^f, pour avoir un intérêt annuel de 5^f, de 4^f, de 4^f,50; de sorte qu'ordinairement les trois espèces inférieures de fonds publics se vendent au-dessous de 100^f pour 100^f. Mais les quatre espèces se vendent d'autant plus au-dessous de leur valeur nominale, que

les citoyens ont moins de confiance dans la prospérité du pays. Au contraire, les fonds deviennent chers, quand cette prospérité paraît assurée et quand on trouve difficilement des emprunteurs. Alors on paie plus de 100^f le 5 $p.$ %, c'est-à-dire qu'on donne plus de 100^f pour acquérir un capital de 100^f dans les fonds publics, ou 5^f de rente sur l'État.

D. Qu'est-ce que le cours d'une rente?

R. La somme qu'il faut donner pour acheter un capital de 100^f dans un quelconque des fonds publics, est ce qu'on nomme le *cours* de la rente.

Exemples : Quand le cours du 5 $p.$ % est à 104, c'est qu'il faut payer 104^f pour acheter 5^f de rente ou le capital 100^f de cette rente.

Quand le cours du 3 $p.$ % est à 58, c'est qu'il suffit de payer 58^f pour acheter **3**^{f} de rente ou le capital 100^f de cette rente.

D. Dans quel cas le cours est-il au pair?

R. Le cours d'une rente est *au pair,* lorsque, pour acheter le capital 100^f de cette rente, il faut donner précisément 100^f.

D. Comment se font les calculs relatifs aux fonds publics?

R. Il est visible que les calculs qui se rapportent aux fonds publics ou aux rentes sur l'État, doivent se faire absolument comme ceux qui ont trait aux intérêts simples.

PROBLÈME : A combien le paiement semestriel de la rente 5 p. %, élève-t-il le taux annuel ?

Solution : Puisque la rente de 5^f se paie en deux termes et qu'on reçoit 2^f,50 à chaque époque, il est clair que le taux annuel s'accroît de l'intérêt de 2^f,50 pendant 6 mois, car le rentier peut faire valoir cette petite somme. Or, 2,50 pendant $\frac{1}{2}$ an, rapportent autant que 1^f,25 pendant un an, et 1^f,25 à 5 p. % donne 0^{f}0625. Par conséquent, payer des rentes 5 p. % en deux semestres, revient à élever le taux à 5^f,0625.

PROBLÈME : A combien peut-on acheter 5^f de rente, pour placer son argent à 5 p. % ?

Solution : Acheter 5^f de rente revient réellement à acheter une rente de 5^f,0625, à cause du paiement semestriel. Il s'agit donc de savoir quel est, à 5 p. %, le capital qui donnerait un intérêt de 5^f,0625. On le trouve de 101^f.25. Par conséquent, celui qui veut placer son argent à 5 p. %, ne doit pas craindre d'acheter 101^f,25 un capital de 100^f dans les fonds publics 5 p. %.

PROBLÈME : A combien peut-on acheter le 5 p. % pour placer son argent à 5 p. % ?

Solution : La rente 5 p. % revient au taux de 5,0575, à cause du paiement de 1^f,50 par semestre. Il faut donc chercher le capital qui, à 5 p. %, donnerait 5^f,0575 d'intérêt annuel. On le trouve de 60^f,75. Conséquemment, on peut acheter 60^f,75 un capital de 100^f dans les fonds 5 p. %, quand on veut placer son argent à 5 p. %.

PROBLÈME : Lequel est le plus avantageux, d'acheter du 5 p. % au cours de 66 ou du 5 p. % à 102,60 ?

Solution : Il s'agit de voir si 66^f employés en 5 p. % rapporteraient plus ou moins de 5^f. Le problème revient donc à celui-ci : Un capital de 102^f,60 produit 5^f de rente, combien au même taux produiront 66^f? Or, pour résoudre cette question à trois termes, il faut diviser le dépendant 5^f par 102,60 et multiplier le quotient par 66. On trouve ainsi que l'intérêt des 66^f, employés en 5 p. %, serait de 5^f,21 et surpasserait de 21 centimes celui qu'ils donneraient employés en 5 p. %.

SOIXANTE-ONZIÈME LEÇON.

ESCOMPTE.

PRÉPARATION : Les marchés se font souvent *à termes* : le vendeur consent que la marchandise achetée à certain prix ne lui soit payée qu'à une époque convenue, et c'est cette époque qui est le *terme*. Ainsi, vendre à **6 mois**, à un an de terme, c'est faire crédit pendant 6 mois, pendant un an. Mais souvent aussi, après avoir acheté à terme, on paie comptant, et dans ce cas il est juste que le créancier fasse remise d'une partie de la dette; cette remise est nommée *escompte*.

Je dois 100^f, par exemple, mais j'ai un an pour m'acquitter. En attendant le jour du paiement, je puis placer mes 100^f et en retirer un intérêt de 5^f. S au contraire je solde

mon créancier sur-le-champ, je perds cet intérêt et lui le gagne, car il peut aussi placer les 100ᶠ reçus et en retirer 5ᶠ à l'expiration du crédit qu'il m'avait fait. C'est donc pour lui et pour moi, comme si je lui payais 105ᶠ au bout de l'année. Or, je ne lui dois que 100ᶠ à cette époque. Je n'ai donc pas à lui payer 100ᶠ pour m'acquitter sur-le-champ : il suffit que je lui compte une somme qui le mette à même de former ses 100ᶠ, en la plaçant pendant un an. De la sorte, il me tiendra compte de l'intérêt qu'il pourra retirer lui-même de mon argent, et aucun de nous ne sera lésé.

D. Qu'est-ce donc que l'escompte ?

R. L'escompte est la diminution que doit éprouver une dette, lorsqu'elle est acquittée avant le terme fixé.

D. Comment serait-il juste de déterminer l'escompte ?

R. L'escompte d'une somme à payer au bout d'un certain temps, devrait être l'intérêt d'une portion de la dette, pour le même temps, et cette portion elle-même devrait être telle, qu'ajoutée à son intérêt, elle produisit précisément la somme due.

EXEMPLE : Au taux de 5 p. %, l'escompte de 105ᶠ payables au bout de l'année, devrait être 5ᶠ, intérêt de 100ᶠ pour un an ; car 100ᶠ payés sur-le-champ et ajoutés à leur intérêt 5ᶠ, feraient, à la fin de l'année, précisément la somme due 105ᶠ.

Solution : Le laboureur devance de 4 mois ou de $\frac{1}{3}$ d'année, le terme qui lui a été accordé. Son vendeur doit donc lui faire un escompte égal à l'intérêt de 600^f pendant 4 mois. Or, cet intérêt a 5 $p.$ %$_0$ est de 10^f.

PROBLÈME : Un fermier voulait vendre son blé 16^f la quarte, au comptant ; mais on lui demande un crédit de 18 mois. Quel prix doit-il exiger, pour avoir le bénéfice qu'il se promettait ?

Solution : Si le nouveau prix était connu et qu'on en ôtât l'escompte à 5 $p.$ %$_0$, pour 18 mois, on trouverait précisément le prix actuel 16^f. Or, l'escompte ou l'intérêt de 100^f, pour 18 mois ou 1^a,5, est de 7^f,50. Retranchant cet escompte de 100^f, nous aurons 92^f,50 pour nombre semblable à 16^f, et 100^f son dépendant correspondra au nouveau prix cherché. Il ne restera plus qu'à résoudre une question à trois termes. Elle donnera 17^f,29 à moins de 1 centime près, pour le nouveau prix que doit exiger le fermier.

PROBLÈME : On a retenu 15^f,75 pour l'escompte d'un billet de 350^f payables dans un an. A quel taux ce billet a-t-il été escompté ?

Solution : La retenue 15^f.75 est l'escompte ou l'intérêt de 350^f, et il s'agit de trouver le taux de cet intérêt. Voilà donc une question à trois termes dont les nombres semblables sont 350^f et 100^f, et dont les dépendants sont 15^f.75 et le taux cherché. Elle donne pour ce taux 4,5 ou 4 $\frac{1}{2}$.

PROBLÈME : Un marchand a oublié le montant d'une facture, mais il se rappèle qu'elle

était à 6 mois de terme, et que pour l'escompter à $\frac{1}{2}$ p. $\%$ par mois, il a rabattu 20^f. Quel est le total oublié ?

Solution : Il faut chercher le capital dont les intérêts pour 6 mois et à $\frac{1}{2}$ p $\%$ par mois, sont de 20^f, puisque l'escompte n'est que l'intérêt de la dette. Or, 20^f pour 6 mois font 5^f,33 pour 1 mois, et le capital qui rapporte 5^f,33, quand 100^f rapportent 0^f,50, est 666^f.

SOIXANTE-QUATORZIÈME LEÇON.

INTÉRÊTS COMPOSÉS.

D. Quel est le taux ordinaire de l'intérêt composé ?

R. L'argent placé à intérêt composé, l'est ordinairement à 5 p. $\%$.

D. Quelle augmentation éprouve en une année un capital placé à intérêts composés ?

R. Tout capital placé à intérêts composés s'augmente en un an de son intérêt ou des $\frac{5}{100}$ de sa valeur ; car l'intérêt d'un franc est $\frac{5}{100}^f$, et pour avoir l'intérêt d'un nombre quelconque de francs, il faut multiplier $\frac{5}{100}^f$ par ce nombre, ou prendre les $\frac{5}{100}$ de ce nombre.

D. Que devient en une année un capital placé à intérêts composés ?

R. Puisqu'à intérêts composés un capital augmente en un an des $\frac{5}{100}$ de sa

valeur, il devient les $\frac{105}{100}$ de ce qu'il était; car 1 $\frac{5}{100}$ font $\frac{105}{100}$.

D. Que devient le capital dans la seconde année et les années suivantes?

R. A la fin de la seconde année, le capital est les $\frac{105}{100}$ de ce qu'il était à la fin de la première, c'est-à-dire les $\frac{105}{100}$ des $\frac{105}{100}$ de sa valeur. Dans la troisième année, il devient les $\frac{105}{100}$ de ce qu'il était à la fin de la seconde, c'est-à-dire les $\frac{105}{100}$ des $\frac{105}{100}$ des $\frac{105}{100}$ de sa valeur primitive; ainsi de suite.

EXEMPLE : Le capital 1^f devient en un an $\frac{105^f}{100}$ ou $1^f,05$. Au bout de 2 ans, il est devenu les $\frac{105}{100}$ de $\frac{105^f}{100}$ ou $\frac{105^f}{100} \times \frac{105}{100}$ ou $1^f,05 \times 1,05$. Au bout de 3 ans, il a produit $1^f,05 \times 1,05 \times 1,05$. Au bout de 4 ans, l'accumulation des intérêts a changé 1^f en $1^f,05 \times 1,05 \times 1,05 \times 1,05$.

SOIXANTE-QUINZIÈME LEÇON.

D. Comment trouve-t-on ce que devient, dans un nombre d'années déterminé, le capital 1^f placé à intérêts composés?

R. Pour trouver ce que devient le capital 1^f, par suite de l'accumulation des intérêts, il faut faire le produit d'autant de facteurs égaux à $1,05$, que le placement a duré d'années.

D. Le calcul ne peut-il pas être abrégé?

R. On diminue de beaucoup la longueur du calcul en appliquant ce principe : *la multiplication des produits pour deux nombres d'années donne toujours le produit pour le total de ces nombres d'années.*

EXEMPLES : S'il s'agit de 4 ans, faites le produit pour 2 ans, puis multipliez ce produit par lui-même. S'il s'agit de 5 ans, multipliez le produit pour 4 par 1,05. Vous aurez le produit pour 6 années, en multipliant le produit pour 4 par le produit pour 2. Le produit pour 8 ans résulte de la multiplication du produit pour 4 par lui-même. Dans le cas de 11 ans, vous multiplierez le produit pour 8 par le produit pour 2, afin d'avoir le produit pour 10 ans ; puis vous multiplierez ce dernier produit par 1,05.

D. Ne peut-on pas aussi se dispenser de multiplier toutes les décimales ?

R. Il y a moyen d'abréger encore le calcul des intérêts composés, si l'on veut se contenter d'obtenir le résultat à moins d'un centime près. Alors on prend seulement les millièmes de chaque produit, pour procéder à une nouvelle multiplication, ayant soin d'augmenter de 1 ces millièmes dans l'un des facteurs, si la première à gauche des décimales rejetées y est 5 ou supérieure à 5.

L'augmentation des millièmes ne doit

jamais se faire dans les deux facteurs à la fois; elle n'a même lieu ni sur l'un, ni sur l'autre, lorsque la première de leurs décimales rejetées est inférieure à 5.

Dès qu'on emploie un facteur qui a 2 chiffres à sa partie entière, il faut prendre jusqu'aux dixmillièmes et opérer sur ces dixmillièmes comme précédemment sur les millièmes. Trois chiffres à la partie entière exigeraient qu'on prît jusqu'aux cent-millièmes, et ainsi de suite.

PROBLÈME: Que devient en 15 années, le capital 1^f placé à intérêts composés?

Solution: Dans la première année, 1^f devient $1^f,05$. Dans la seconde, ce même capital devient $1^f,05 \times 1,05 = 1^f,1025$ ou $1^f,10$.

Pour 4^a, je devrais multiplier $1,1025$ par $1,1025$; mais afin d'abréger, je m'arrête aux millièmes dans chaque facteur, augmentant de 1 ceux du multiplicande, à cause du 5, et laissant tels qu'ils sont, ceux du multiplicateur, pour compenser ce que je mets de trop au premier facteur. J'ai ainsi $1^f,103 \times 1,102 = 1^f,215506$ ou $1^f,22$.

Ce que 1^f devient dans 8^a, résulte de $1^f,216 \times 1,215 = 1^f,47744$ ou $1^f,48$. Les millièmes du multiplicande sont augmentés de 1, et par compensation, ceux du multiplicateur ne le sont pas.

En 12^a, 1^f devient $1^f,477 \times 1,216 = 1^f,796032$ ou $1^f,80$. Ne pouvant augmenter de 1 les millièmes du multiplicande, on aug-

mente ceux du multiplicateur $1^f,245506$, produit pour 4 ans.

En 14^a, 1^f devient $1^f,796 \times 1,105 = 1^f,980988$ ou $1^f,98$. On a augmenté de 1, seulement les millièmes du multiplicateur $1,1025$, produit pour 2^a, ceux du multiplicande $1^f,796\,052$ ne pouvant être augmentés.

Enfin 15^a donnent $1^f,981 \times 1.05 = 2^f,08005$ ou $2^f,08$. Le multiplicateur $1^f.05$, produit pour 1^a est exact, et les millièmes du multiplicande $1^f,980988$ doivent être augmentés de 1.

Si l'on employait toutes les décimales, on trouverait qu'en 15^a, 1^f devient $2^f,078928$, nombre qui n'est que d'environ $\frac{1}{15}$ de centime au-dessous de $2^f,08$; mais le calcul serait tellement compliqué, que le dernier produit aurait 27 décimales.

SOIXANTE-SEIZIÈME LEÇON.

D. Comment calcule-t-on ce que devient un capital quelconque placé à intérêts composés ?

R. Lorsque le capital placé à intérêts composés est plus grand ou plus petit que 1^f, on trouve ce qu'il devient dans un nombre déterminé d'années, en multipliant par ce capital, ce que devient 1^f pendant le même nombre d'années; car 2^f produiraient évidemment le double de 1^f, 3^f le triple, 4^f le quadruple, et 50 centimes, la moitié.

PROBLÈME : Que produira en 15 années une somme de 2 350^f placée à intérêts composés?

Solution : Je cherche ce que devient 1^f dans la même circonstance et dans le même temps. J'obtiens 2^f,08. Multipliant ce nombre par 2 350. je trouve qu'en 15 ans, le capital 2 350^f deviendra 4 885^f.

Si l'on employait le nombre 2^f,078 928, on obtiendrait 4 885^f,48 ; mais l'erreur ne vaut pas la peine des longs calculs qu'il faudrait faire en opérant par multiplications sur 1^f,05.

PROBLÈME : Que produiront 2 350^f au bout de 14 ans d'intérêts composés?

Solution : En 14 ans, 1^f devient 1^f,98. Donc 2 350^f deviennent 1^f,98 $\times$ 2 350 = 4 653^f.

REMARQUE : Ainsi, le capital 2 350^f surpasse, en 15 ans, son double 4 700^f, et 14 années le laissent de 47^f au-dessous de ce double. Or, il faut à peu près 2 mois $^1/_2$ pour que 4 653^f rapportent 47^f.

D. Combien faut-il d'années de placement à intérêts composés, pour qu'un capital se double?

R. Il faut environ 14 ans et 2 mois $^1/_2$ pour qu'un capital soit doublé par l'accumulation des intérêts à 5 p. %.

SOIXANTE-DIX-SEPTIÈME LEÇON.

PRÉPARATION : Quel capital doit-on placer à intérêts composés, pour avoir 25 000^f au bout de 12 ans?

Solution : Je cherche ce que produit le capital 1^f en 12 années et je trouve $1^f,796$. Or, autant de fois ce produit de 1^f sera contenu dans 25000^f, autant de francs il faudra pour produire ces 25000^f. Le quotient de 25000 divisé par $1,796$, est $13919,82$. Par conséquent, le capital demandé est $13919^f,82$.

D. Comment se calcule le capital qui doit être placé à intérêts composés, pour produire une somme donnée, dans un certain temps ?

R. Pour trouver le capital, quand on connaît son produit à intérêts composés, il faut diviser ce produit par celui de 1^f pendant le même nombre d'années.

D. Comment se font les calculs relatifs aux intérêts composés, lorsque le taux n'est pas 5 ?

R. Lorsque le taux diffère de 5, on calcule ce que produit un capital placé à intérêts composés, comme dans le cas où le taux est 5 ; seulement, il faut employer, au lieu de $1^f,05$, le nombre qui exprime ce que devient 1^f en un an, au taux donné.

Exemple : Si le taux était 6, l'intérêt annuel de 1^f serait $\frac{6}{100}^f$. Le capital 1^f deviendrait en un an $1^f\frac{6}{100}$ ou $\frac{106^f}{100}$, par l'addition de l'intérêt, et ce serait ce nombre $\frac{106}{100}$ ou $1,06$ qu'il faudrait employer dans les calculs d'intérêts composés, comme l'a été précédemment $1,05$.

11

SOIXANTE-DIX-HUITIÈME LEÇON.

CAISSE D'ÉPARGNE.

PRÉPARATION : Il existe, dans les principales villes de France, des caisses destinées à recevoir et à faire fructifier les petites économies du pauvre. On les appelle *caisses d'épargne*. Elles sont surveillées par l'autorité et constituées de telle façon qu'il leur est impossible de faire banqueroute. Dans plusieurs, chaque somme de 12^f rapporte à son propriétaire 4 centimes par mois, attendu que le taux est 4 p. % par an. Chacun peut déposer les plus faibles épargnes, même 20 sous; les sommes versées sont inscrites sur un livret que reçoit le déposant. On peut aussi retirer son argent quand on veut; mais si vous versez de temps en temps quelques petites sommes dans une caisse d'épargne, et que vous les y laissiez pendant un bon nombre d'années, vous vous trouverez riche un jour. Plus d'un journalier, plus d'un domestique sont devenus *maîtres* de cette façon; et cela n'a rien d'étonnant, puisqu'il est de fait qu'en portant à une caisse d'épargne 7 à 8 francs par mois, on retire environ 1800 francs au bout de 15 ans.

D. Qu'appelez-vous caisses d'épargne ?

R. Les caisses d'épargne sont des institutions fondées dans l'intérêt du pauvre. Chacun peut y déposer, avec sécurité, ses petites économies, et l'on est libre d'en retirer son argent, dès que cela convient.

Dans les unes, toute somme rapporte intérêt; dans les autres, chaque somme de 12^f produit 4 centimes par mois.

D. Le calcul des intérêts composés est-il applicable aux intérêts payés par toutes les caisses dépargne?

R. Les intérêts d'une caisse d'épargne ne peuvent pas se calculer comme les intérêts composés, quand une somme moindre que 12^f ne rapporte rien, car les règles établies pour les intérêts composés supposent que toute somme rapporte.

D. Comment le déposant peut-il alors vérifier le compte inscrit sur son livret?

R. La vérification d'un compte de caisse d'épargne revient à calculer ce que doit cette caisse au bout d'un mois déterminé. Il faut, quand l'intérêt se paie à 4 p. $\%$ sur 12^f, diviser par 12 la somme due à la fin du mois précédent, multiplier $0^f,04$ par la partie entière du quotient, et ajouter au dividende, le produit augmenté du nouveau dépôt.

EXEMPLE : A la fin de mai, j'avais $75^f,25$ dans la caisse, et je veux savoir combien il m'est dû à la fin de juin. Je cherche combien il y a de fois 12^f dans $75^f,25$, et je trouve 6 en nombre entier. Chacune de ces 6 fois 12^f, m'a rapporté 0,04 pendant le mois de juin; par conséquent, on me doit de plus qu'à la fin de mai, 6 fois $0^f,04$ ou $0^f,24$. Ajoutant donc $0^f,24$ au dividende $75^f,25$, montant d-

mon avoir précédent, je trouve qu'il m'est dû maintenant 75^f,49. Mais, je vais faire un nouveau dépôt de 9^f. Il me sera donc dû en tout 84^f,49 à la fin de juin (*).

SOIXANTE-DIX-NEUVIÈME LEÇON.

QUOTEPARTS.

D. Qu'est-ce que des quoteparts?

R. On appèle *quoteparts* les parties d'une chose quelconque partagée entre plusieurs autres, selon certaines lois.

D. Comment se calculent les quoteparts?

R. Lorsque les quoteparts doivent être égales, on les détermine toutes d'une seule fois, en divisant par leur nombre, la chose à partager; mais dans le cas où le problème établit l'inégalité entre elles, il faut, pour les trouver, résoudre des questions à trois termes.

D. De quelle manière le problème établit-il l'inégalité entre les quoteparts?

R. L'inégalité des quoteparts est indiquée par des nombres que fait connaître l'énoncé du problème, et que l'on appèle *correspondants*, parce qu'ils correspondent chacun à une des quoteparts cherchées.

(*) L'*Économie de l'ouvrier*, par C. L. Bergery, ouvrage couronné par l'Institut de France, contient beaucoup de détails sur le calcul des sommes que peut produire la caisse d'épargne et sur les avantages que cette caisse offre à tout le monde.

PRÉPARATION : On veut donner une gratification de 6^f à deux ouvriers qui ont exécuté un ouvrage d'une manière satisfaisante ; mais l'un y a travaillé 7 jours et l'autre 5^j seulement. Quelle doit être la quotepart de chacun ?

Solution : Les quoteparts seront inégales, puisque les ouvriers, n'ayant pas travaillé le même nombre de jours, n'ont pas droit à la même gratification, et les nombres qui établissent l'inégalité sont ceux qui expriment les journées de travail. 7^j et 5^j sont donc les nombres correspondants.

Comme l'ouvrage a exigé en tout 12 jours et que la gratification de 6^f est donnée pour ces 12 jours, le problème revient à celui-ci : 12^j de travail ont mérité 6^f de gratification, combien méritent 7^j ? car il sera facile d'obtenir par soustraction la quotepart du second ouvrier, quand nous connaîtrons celle du premier. Or c'est là une question à trois termes : 12^j et 7^j sont les nombres semblables ; 6^f est le dépendant du premier, et il s'agit de trouver celui du second. J'observe à cette fin, que si l'un des ouvriers avait travaillé pendant la moitié de 12 jours, il aurait droit évidemment à la moitié des 6^f de gratification, et j'en conclus qu'il faut diviser le dépendant 6^f par 12^j, ce qui donnera la gratification relative à un jour, puis multiplier le quotient par 7^j. J'obtiens ainsi $3^f,50$ pour la quotepart de l'ouvrier qui a travaillé le plus longtemps. Retranchant $3^f,50$ de 6^f, je trouve que la quotepart du second est de $2^f,50$.

D. Quelle est la règle du calcul des quoteparts?

R. Pour calculer les quoteparts, il faut faire la somme des nombres correspondants, puis résoudre autant de questions à trois termes, ou une de moins qu'il doit y avoir de quoteparts. Chacune de ces questions a pour nombres semblables, un des nombres correspondants et leur somme. Le nombre à partager est le dépendant de cette somme.

QUATREVINGTIÈME LEÇON.

PRÉPARATION : Le maire d'une commune veut partager 420 fagots entre trois ménages. Il juge que le plus pauvre doit avoir 3 fois autant de fagots que le moins pauvre, et le troisième 2 fois autant. Combien chaque ménage recevra-t-il de fagots?

Solution : Si l'on donnait un seul fagot au ménage le moins pauvre, le plus pauvre devrait en recevoir 3, le troisième 2, et il y aurait 6 fagots distribués. Or, les 420 doivent être répartis d'une manière analogue. Les nombres correspondants sont donc 1, 2, 3, et le problème revient à celui-ci : la réunion de 6 parties forme 420; de combien est une partie, combien font 2 parties, 3 parties? La première quotepart s'obtient par une simple division; chacune des deux autres, par une simple multiplication, et l'on trouve que le ménage le moins pauvre aura 70 fagots, le plus pauvre 210, et le troisième 140.

D. Donne-t-on toujours autant de nombres correspondants, qu'il doit y avoir de quoteparts?

R. Parfois il n'y a pas autant de nombres correspondants que de quoteparts: l'énoncé en donne un de moins; mais celui qui manque est facile à rétablir, car il égale toujours l'unité.

PRÉPARATION : Un cultivateur a élevé une distillerie de grains et de pommes de terre qui lui coûte 5000^f. Trois mois après, il est obligé, faute de fonds, de prendre un associé qui met 2000^f dans l'entreprise. Cinq mois plus tard, il prend un second associé qui apporte 5000^f. Enfin, au bout de l'année, il se trouve que le bénéfice à partager est de 740^f. Quelle doit être la quotepart de chaque associé?

Solution : Les 5000^f ont contribué pendant 12 mois à la formation du bénéfice; les 2000^f y ont contribué pendant 9 mois, et les 5000^f pendant 4 mois seulement. Or, 5000^f prêtés à une entreprise pendant 12 mois, doivent rapporter au capitaliste autant que 12 fois 5000^f ou 56000^f pendant 1 mois; 2000^f prêtés pendant 9 mois rapportent autant que 18000^f pendant 1 mois; 5000^f pendant 4 mois produisent autant que 20000^f en 1 mois. Ces multiplications préparatoires doivent être disposées comme ci-dessous:

5000^f	2000^f	5000^f
12^m	9^m	4^m
36000^f	18000^f	20000^f

Le problème revient maintenant à celui-ci : trois sommes, 36000^f, 18000^f, $20,000^f$, ont contribué pendant le même temps, à la production d'un bénéfice de 740^f; quelles quoteparts doivent recevoir les capitalistes? Les trois sommes sont les nombres correspondants; chacune d'elles et leur total 74000^f forment les nombres semblables d'une question à trois termes, dont 740^f est le dépendant; et l'on trouve que le premier associé doit avoir 360^f, le second 180^f, le troisième 200^f, ce qui fait en tout 740^f.

D. Comment opère-t-on, lorsqu'il y a plus de nombres correspondants que de quoteparts?

R. Si l'énoncé du problème donne plus de nombres correspondants qu'on ne veut de quoteparts, il y en a toujours le double, le triple, etc., et ils sont de deux, de trois espèces, etc. On les écrit sur autant de lignes qu'il y a d'espèces, ayant soin de mettre en colonne ceux qui sont relatifs à une même quotepart; puis on les réduit à une seule espèce, en multipliant ou divisant chacun de ceux de cette espèce, par ceux de la même colonne. Alors, il reste autant de nombres correspondants qu'il doit y avoir de quoteparts, et l'on procède selon la règle établie pour ce cas.

QUATREVINGT-UNIÈME LEÇON.

MOYENNES.

D. Qu'est-ce que la moyenne de plusieurs nombres?

R. La moyenne de plusieurs nombres est telle que, répétée autant de fois qu'il y a de nombres, elle fournit un produit égal à leur somme.

EXEMPLES : La moyenne des nombres 4 et 6 est 5, parce que 5 répété 2 fois ou multiplié par 2, donne 10, comme 4 plus 6. La moyenne des nombres 4, 6, 11, est 7, parce que 3 fois 7 font 21, comme la somme des trois nombres donnés.

D. Comment se calcule une moyenne?

R. Pour prendre la moyenne de plusieurs nombres, il faut diviser leur total par leur nombre.

EXEMPLE : Je prends la moyenne des nombres 4, 6 et 11, en divisant leur total 21 par leur nombre 3. Le quotient 7 est bien la moyenne, car, multiplié par le diviseur 3, il reproduit le dividende 21, c'est-à-dire le total des nombres donnés.

PROBLÈME : Une ferme a rapporté 1 500^f de bénéfice net dans une année, 1 200^f dans la suivante, 1 700^f dans une troisième, 500^f dans une quatrième, 1 000^f dans une cinquième, et 1 500^f dans une sixième. A combien le fermier peut-il évaluer son bénéfice annuel?

Solution : Un pareil problème suppose que les circonstances des six années se reproduiront constamment, ou du moins que si le changement de quelques-unes tend à diminuer le rapport total de la ferme pendant 6 nouvelles années, le changement de quelques autres tendant à l'augmenter, établira une compensation. Une telle supposition n'est guère admissible pour un temps aussi court ; mais elle le serait pour une vingtaine d'années, par exemple. Toujours est-il que la solution de semblables problèmes repose sur le calcul des moyennes, car le bénéfice annuel, commun aux 6 années, doit être tel que, répété 6 fois, il produise un bénéfice total égal à la somme des 6 bénéfices donnés.

Je fais donc l'addition des 6 nombres de francs contenus dans l'énoncé de la question, et je prends le sixième du résultat 7 200^f. Le quotient 1 200^f montre que l'état de la fortune du fermier serait le même, s'il eût gagné, chaque année, autant qu'il a gagné durant la deuxième.

QUATREVINGT-DEUXIÈME LEÇON.

PROBLÈME : Un vigneron place 200 échalas le vendredi, 190 le samedi, 195 le lundi suivant, 210 le mardi, 205 le mercredi et 180 le jeudi. Il doit placer 1 770 échalas en tout ; combien de jours emploiera-t-il pour finir ?

Solution : Le nombre d'échalas qu'il a déjà placé en 6 jours, est de 1 180. Il lui en reste donc 590 à placer. Comme la moyenne des

nombres d'échalas mis aux ceps, est de 196 ⅔, on doit supposer qu'il en peut mettre autant chaque jour. Cherchant donc combien de fois 590 contient 196 ⅔, j'obtiens un quotient 3 qui montre que le reste du travail exigera 3 journées.

PROBLÈME: Un grainetier a 40 hectolitres d'avoine qu'il peut vendre à 7 francs, 60 hectolitres qui ne se vendraient qu'à 6^f et 25^{hl} qu'on aurait à 5^f,50. Il offre de vendre le tout en bloc à 6^f,50 l'hectolitre. L'acheteur ferait-il un bon marché?

Solution : Multipliant par chaque nombre d'hectolitres le prix de son unité, je trouve

que 40^{hl} à 7^f font 280^f
60 6 360
25 5,50 137,50

et que 125 valent 777,50.

Divisant la somme 777^f,50 des prix de tous les hectolitres, par le nombre 125 de ces prix ou des hectolitres, j'obtiens 6^f,22 pour prix moyen, c'est-à-dire pour le prix d'un hectolitre du mélange.

C'est donc à 6^f,22 l'hectolitre que devraient être vendues en bloc les trois sortes d'avoine. On perdrait, par conséquent, 125 fois 8 centimes ou 10^f, si l'on achetait à 6^f,50 en bloc, au lieu d'acheter séparément chaque sorte d'avoine, la première à 7^f, la deuxième à 6^f et la troisième à 5^f,50.

PRÉPARATION: Un cabaretier a du vin à 12 sous la bouteille qu'on trouve trop cher, et du vin à 7 sous qu'on trouve trop plat. Pour con-

tenter ses pratiques, il mêle un tonneau de 240 bouteilles de la première sorte et un tonneau de 160 bouteilles de la seconde. Combien doit-il vendre la bouteille du mélange?

Solution : Multipliant par le nombre des bouteilles le prix de l'unité, je trouve que

$$240^b \quad \text{à} \quad 12^s \quad \text{font} \quad 2\,880^s$$
$$160 \qquad\quad 7 \qquad\qquad 1\,120$$

——————   ——————

et que   400   valent   4 000.

Divisant $4\,000^s$ par 400, j'obtiens 10^s pour quotient. Le prix moyen ou le prix de la bouteille du mélange est donc 10 sous.

D. Dans quel cas les problèmes sur les mélanges conduisent-ils à des calculs de moyennes?

R. La solution des problèmes relatifs aux mélanges repose sur le calcul des moyennes, lorsque ces problèmes sont analogues à ceux où il s'agit de trouver le prix de l'unité de choses à différents prix, qui ont été ou doivent être mélangées.

QUATREVINGT-TROISIÈME LEÇON.

MÉLANGES.

D. Dans quels cas les problèmes sur les mélanges ne se résolvent-ils pas par les moyennes?

R. Les problèmes relatifs aux mélanges se résolvent au moyen de règles particu-

lières, lorsqu'ils sont analogues à ceux où il s'agit de déterminer combien il faut prendre de chaque sorte de choses à différents prix, pour former un mélange dont l'unité soit d'un prix fixé.

PRÉPARATION : Un cabaretier qui a du vin à 10 sous le litre et du vin à 6 sous le litre, veut en faire un mélange qui coûte 8 sous le litre. Combien de litres de la première sorte doit-il mêler à chaque litre de la seconde?

Solution : L'excès du plus haut prix 10 sous sur le prix du mélange 8 sous, est 2 sous. La différence du plus bas prix 6 sous au prix du mélange, est aussi 2 sous. Si donc on mêle un litre de la première sorte à un litre de la deuxième, l'excès du plus haut prix compensera ce qui manque au plus bas, et le litre du mélange coûtera 8 sous, prix fixé.

Le mélange des deux litres vaudra en effet 10 sous plus 6 sous, en tout 16 sous, et la moitié ou un litre vaudra 8 sous.

Cet exemple montre que pour former avec deux sortes de choses, un mélange dont le prix est fixé, il suffit de s'arranger de manière à rendre égaux 2 excès : celui du prix d'un certain nombre de choses d'une sorte sur le prix du même nombre d'unités du mélange, et l'excès du prix d'un certain nombre d'unités du mélange, sur le prix du même nombre de choses de l'autre sorte. Ces deux excès se compenseront, et chaque unité du mélange sera du prix fixé.

AUTRE PROBLÈME : Un cultivateur a du blé

de la dernière récolte, qui se vend 18ᶠ l'hectolitre, et du blé de la récolte précédente, qui ne vaut que 15ᶠ. Comment devra-t-il faire un mélange dont l'hectolitre puisse se vendre 16ᶠ?

Solution : L'excès du plus haut prix sur le prix fixé est 2ᶠ; l'excès du prix fixé sur le plus bas prix est 3ᶠ. S'il prend 3 hectolitres de la première sorte de blé, il aura un excès de 6ᶠ sur la valeur de trois hectolitres du mélange au prix fixé. S'il prend 2 hectolitres de la deuxième sorte, il s'en faudra de 6ᶠ que leur prix égale celui de 2 hectolitres du mélange. Il y aura donc compensation, et par suite chaque hectolitre du mélange vaudra 16ᶠ.

18ᶠ　　3ᵐ

16ᶠ

15　　2

Le calcul doit être disposé comme ci-contre.

Ainsi, le cultivateur doit mettre dans le mélange 3 mesures de blé à 18ᶠ, contre 2 mesures de blé à 15ᶠ. Effectivement 3 mesures à 18ᶠ font 54ᶠ; 2 mesures à 15ᶠ font 26ᶠ. Les 5 mesures mélangées vaudront donc en tout 54ᶠ plus 26ᶠ, c'est-à-dire 80ᶠ et le prix de chacune sera le cinquième de 80ᶠ ou 16ᶠ.

Cet exemple montre que le nombre d'unités à prendre de chacune des deux sortes de choses qu'on doit mélanger, est égal à la différence qui existe entre le prix de l'autre et le prix fixé. Il faut 3 mesures de blé à 18ᶠ, et 3 est la différence de 13 à 16; il faut 2 mesures de blé à 15ᶠ, et 2 est la différence de 16 à 18.

D. Quelle est la règle du calcul d'un mélange de deux choses?

R. Pour trouver la manière de faire,

avec deux sortes de choses, un mélange dont le prix est fixé, il faut écrire les deux prix l'un sous l'autre; mettre à droite et vis-à-vis de l'intervalle, le prix fixé pour l'unité du mélange; placer dans une troisième colonne, la différence du plus bas prix au prix fixé, sur la ligne du plus haut prix, et la différence du prix fixé au plus haut prix, sur la ligne du plus bas prix. Ces deux différences expriment chacune le nombre d'unités qu'on doit prendre de la sorte de choses dont le prix est sur la même ligne.

QUATREVINGT-QUATRIÈME LEÇON.

PRÉPARATION : Un meunier a de la farine première qualité qu'il vend 6 sous le kilogramme, et de la farine troisième qualité qu'il vend 2 sous $\frac{1}{2}$ le kilogramme. Mais on lui demande 35^{kg} de farine deuxième qualité à 4 sous le kilogramme; quel mélange doit-il faire ?

Solution : J'écris le plus bas prix $2^s \frac{1}{2}$ au-dessous du plus haut prix 6^s, et le prix fixé 4^s, à droite vis-à-vis de l'intervalle. Ensuite, je retranche $2 \frac{1}{2}$ de 4, et j'écris la différence $1 \frac{1}{2}$ sur la ligne de 6^s; je retranche 4 de 6, et j'écris la différence 2 sur la ligne de $2^s \frac{1}{2}$.

6^s $1^{kg} \frac{1}{2}$ Cet arrangement des nombres
    4^s fait voir qu'à $1^{kg} \frac{1}{2}$ de farine,
$2 \frac{1}{2}$ 2 première qualité, le meunier
————— devra mêler 2^{kg} de farine,
5 $\frac{1}{2}$ troisième qualité.

$5^{kg} \frac{1}{2} \quad 1^{kg} \frac{1}{2}$

35

$$\frac{\frac{3}{2}^{kg}}{\frac{7}{2}} \times 35 = 15^{kg}$$

55^{kg}

$\underline{15}$

20

Maintenant, se présente cette autre question. Dans $5^{kg} \frac{1}{2}$ d'un mélange de deux sortes de farine, il entre $1^{kg} \frac{1}{2}$ de farine, première qualité; combien de kilog. de la même qualité entreront dans 35^{kg} du mélange? C'est là une question à trois termes : $5^{kg} \frac{1}{2}$ et 35^{kg} sont les nombres semblables ; $1^{kg} \frac{1}{2}$ est le dépendant du premier, et dans le double de $5^{kg} \frac{1}{2}$ du mélange, il entrerait évidemment le double de $1^{kg} \frac{1}{2}$ de farine, première qualité. Je dois donc, pour trouver le dépendant inconnu, diviser $1^{kg} \frac{1}{2}$ par $5^{kg} \frac{1}{2}$ et multiplier le quotient par 35. Le résultat 15 montre que pour former les 35^{kg} de mélange demandés, il faudra 15^{kg} de farine, première qualité. Retranchant ces 15^{kg} de 35^{kg}, je vois enfin qu'il faudra 20^{kg} de farine, troisième qualité.

D. Comment trouve-t-on les quantités de deux choses qui doivent former un mélange dont le nombre des unités et leur prix sont donnés?

R. Lorsque le nombre d'unités du mélange est donné, ce nombre et la somme des deux différences des prix sont les nombres semblables d'une question à trois termes ; une quelconque des différences est le dépendant de leur somme ; le dépendant à trouver indique ce qu'il faut prendre de l'espèce de choses relatives à la différence

employée dans le calcul. Retranchant ce dépendant du nombre d'unités du mélange, on obtient ce qu'il faut prendre de la seconde espèce de choses.

QUATREVINGT-CINQUIÈME LEÇON.

PRÉPARATION : Un marchand de volaille s'est engagé à fournir 60 poulets, et pour avoir un bénéfice suffisant, il ne peut les payer qu'à raison de $0^f,82$. En outre, il est obligé, pour en avoir 60, d'acheter à cinq personnes différentes : mais une veut vendre ses poulets $0^f,95$, une deuxième $0^f,93$, la troisième $0^f,80$, la quatrième $0^f,67$, la cinquième $0^f,65$. Combien de poulets le marchand pourra-t-il acheter à chaque personne ?

Solution : Je partage les prix en deux groupes tels que la moyenne de l'un soit supérieure au prix fixé $0^f,82$, et la moyenne de l'autre, inférieure à ce prix. Pour opérer à coup sûr, je mets dans le premier groupe, tous les prix qui dépassent $0^f,82$, et dans le deuxième, tous les prix moindres que $0^f,82$. Ainsi, j'ai pour

1er groupe	2e groupe	Mélange	
	$0^f,80$		
$0^f,95$	$0,67$	$0^f,94$	$0^P,12$
$0,93$	$0,65$	$0,82$	
SOMME. $1,88$	$2,10$	$0,70$	$0,12$
MOYENNE. $0,94$	$0,70$		$0,24$

Si je prenais un poulet de chaque prix du premier groupe, j'aurais deux poulets qui re-

viendraient, l'un dans l'autre, à 0^f,94 moyenne des deux prix. Si je prenais un poulet de chaque prix du deuxième groupe, j'aurais trois poulets qui coûteraient, l'un dans l'autre, 0^f,70 moyenne des trois prix.

La question revient donc à celle-ci : on a des poulets à 0^f,94 et à 0^f,70 ; combien faut-il en prendre de chaque sorte, pour avoir 60 poulets qui, l'un dans l'autre, coûtent 0^f,82. Opérant comme pour calculer un mélange de deux choses, je trouve qu'il faut en prendre 0,12 de chaque sorte, pour en avoir 0,24. Divisant la différence 0,12 par la somme 0,24 des deux différences, et multipliant le quotient 0,5 par 60, j'ai 30 pour le nombre de poulets de chaque sorte que le marchand peut acheter.

Maintenant, 30 divisé par 2, nombre des prix du premier groupe, donne 15 pour le nombre de poulets de chaque prix, et 30 divisé par 5, nombre des prix du deuxième groupe, donne 10 pour le nombre de poulets qu'on peut acheter à chacun de ces prix. Ainsi, pour livrer 60 poulets qui reviennent, l'un dans l'autre, à 0^f,82, le marchand peut prendre 15 poulets chez la première personne, 15 chez la seconde, et 10 chez chacune des trois autres.

Afin de vérifier cette manière de procéder, je multiplie chaque prix par le nombre de poulets achetés à ce prix ; je fais la somme des produits et je la divise par 60, nombre total des poulets. Le quotient, qui donne le prix moyen, montre que chaque poulet revient précisément à 0^f,82.

D. Comment se fait le calcul d'un mélange de plus de deux choses?

R. Pour calculer un mélange qui doit renfermer plus de deux choses, on prend la moyenne des prix supérieurs au prix fixé et la moyenne des prix inférieurs; on opère sur ces moyennes et le prix fixé, comme pour calculer un mélange de deux choses; puis on divise le nombre à prendre de chacune de ces deux choses, par le nombre des prix qui ont fourni la moyenne correspondante. Les quotients font connaître combien on peut prendre d'unités de chaque prix.

QUATREVINGT-SIXIÈME LEÇON.

NUMÉRATION ROMAINE.

D. Qu'appèle-t-on chiffres romains?

R. Les chiffres romains sont les sept lettres majuscules I, V, X, L, C, D, M.

D. Quels nombres représentent ces lettres?

R. La lettre I représente le nombre *un*, V signifie *cinq*, X *dix*, L *cinquante*, C *cent*, D *cinq cents*, M *mille*.

D. Pourquoi la lettre I a-t-elle été choisie pour représenter *un*?

R. La lettre I a été prise pour représenter l'unité, parce que c'est celle qui ressemble le plus aux petites barres

qu'on a toujours faites pour marquer des objets comptés.

D. Pourquoi les Romains ont-ils fait de X le signe de la dixaine?

R. La dixaine a été représentée par X, à cause de la ressemblance de cette lettre et de la figure qu'on formait en croisant les deux mains l'une sur l'autre, pour exprimer *dix*, lorsque les hommes calculaient au moyen de leurs doigts.

D. Pourquoi V signifie-t-il *cinq?*

R. La lettre V représente cinq, parce que cette lettre est la moitié supérieure de X, comme cinq est la moitié de dix.

D. Pourquoi C représente-t-il *cent* et L *cinquante?*

R. Il était naturel de représenter *cent* par son initiale C. Mais cette lettre n'a pas toujours été faite ainsi : autrefois, le C avait la forme d'une équerre double ⌐, et cette figure coupée en deux, a donné l'équerre simple ∟ ou la lettre L, pour *cinquante* moitié de cent.

D. Pourquoi M représente-t-il *mille,* et D *cinq cents?*

R. La lettre M est l'initiale du mot *mille,* et comme cette lettre était jadis composée de deux croissants séparés par une petite barre CID, sa moitié de droite a fourni le signe ID ou la lettre D, pour exprimer *cinq cents* moitié de mille.

QUATREVINGT-SEPTIÈME LEÇON.

D. Au moyen de quelles conventions peut-on écrire les mille premiers nombres, avec les sept chiffres romains?

R. Pour écrire les mille premiers nombres en chiffres romains, il suffit de trois conventions que voici : 1° Un chiffre placé à droite d'un chiffre égal ou supérieur, s'y ajoute ; 2° un chiffre placé à gauche d'un chiffre supérieur, s'en retranche ; 5° un chiffre placé entre deux chiffres supérieurs, se retranche de celui qui est à droite. Ces conventions permettent de ne jamais écrire le même chiffre plus de trois fois de suite.

EXEMPLES : D'après cela, les nombres 1, 2, 5, sont écrits I, II, III.

Le nombre 4 se représente par IV; et en effet, si l'on retranche du chiffre V le chiffre inférieur I qui est à gauche, on a 4 pour reste.

Les nombres 6, 7, 8, s'écrivent VI, VII, VIII, en vertu de la première convention ; 9 s'écrit IX, en vertu de la seconde ; et, comme je l'ai déjà dit, X représente 10.

Voici donc les dix premiers nombres écrits à la manière des Romains et à la nôtre :
I, II, III, IV, V, VI, VII, VIII, IX, X.
1, 2, 5, 4, 5, 6, 7, 8, 9, 10.

D. Que fait-on pour aller jusqu'à 20 ?
R. On écrit X à gauche de chacun des dix premiers nombres.

EXEMPLES : Cela donne XI, XII, XIII,
11, 12, 13,
XIV, XV, XVI, XVII, XVIII, XIX, XX.
14, 15, 16, 17, 18, 19 20.

La 3ᵉ convention empêche de voir 16 dans
XIV, et 21 dans XIX.

D. Comment va-t-on jusqu'à 30 ?

R. On écrit XX à gauche de chacun
des dix premiers nombres.

EXEMPLES : On a ainsi XXI, XXII, XXIII,
21, 22, 23,
XXIV, XXV, XXVI, XXVII, XXVIII,
24, 25, 26, 27, 28,
XXIX, XXX.
29, 30.

D. Quels sont les moyens d'arriver à
40 ?

R. On va jusqu'à 39, en écrivant
XXX à gauche de chacun des neuf premiers nombres, et au lieu d'écrire quatre
X de suite pour représenter 40, on emploie XL, d'après la seconde convention.

EXEMPLES : Les nombres de la quatrième
dixaine, s'écrivent donc comme il suit :
XXXI, XXXII, XXXIII, XXXIV, XXXV,
31, 32, 33, 34, 35,
XXXVI, XXXVII, XXXVIII, XXXIX,
36, 37, 38, 39
XL.
40.

QUATREVINGT-HUITIÈME LEÇON.

D. Comment exprimez-vous les autres collections de dixaines?

R. Nous savons déjà que L représente 50. Cette lettre écrite à gauche des quatre premières collections de dixaines, conduit jusqu'à 90. Cependant, le nombre 90 s'écrit ordinairement XC, pour plus de simplicité.

EXEMPLES : Les collections de dixaines sont donc : X, XX, XXX, XL, L, LX, LXX,
10, 20, 30, 40, 50, 60, 70,
LXXX, XC.
80 90.

D. Comment écrivez-vous les nombres compris entre les six dernières collections de dixaines?

R. J'écris les nombres compris entre les six dernières collections de dixaines, en plaçant ces collections à gauche des neuf premiers nombres. Toutefois, 99 s'exprime par IC, pour plus de simplicité.

D. Comment se représentent les collections de centaines?

R. Toutes les collections de centaines peuvent être représentées au moyen des lettres C, D, si l'on observe les conventions. Cependant, pour plus de simplicité, 900 s'exprime par CM, ce qui signifie *mille* moins *cent*.

EXEMPLES : Les collections de centaines s'é-
crivent donc : C, CC, CCC, CD, D, DC,
           100, 200, 300, 400, 500, 600,
DCC, DCCC, CM.
700, 800, 900.

D. Quels moyens s'emploient pour écrire
les nombres intermédiaires ?

R. Pour écrire les nombres compris entre les collections de centaines, on place
successivement ces collections à gauche des
quatrevingt-dix-neuf premiers nombres ;
mais 999 s'exprime par IM, ce qui signifie
mille moins un.

QUATREVINGT-NEUVIÈME LEÇON.

D. Quels sont les moyens de représenter
les nombres du groupe des mille ?

R. Puisque M représente mille, il suffit
d'écrire cette lettre à gauche des 999 premiers nombres, pour arriver à 1999, qui
s'écrit MIM.

On représente 2000 et 3000 par MM,
MMM ; mais pour les collections de mille
suivantes, pour les dixaines et les centaines
de mille, il faut employer les mêmes signes
que pour les unités, les dixaines et les
centaines d'unités correspondantes, en ti-
rant un trait au-dessus.

EXEMPLE : *Écrire en chiffres romains le*
nombre 116 891.

J'écris d'abord CXVI pour 116, comme s'il

s'agissait d'unités simples; puis je tire un trait au-dessus, afin de marquer que le nombre exprime des mille. A la suite de $\overline{\text{CXVI}}$, j'écris DCCC XCI pour 891 unités simples, et j'ai $\overline{\text{CXVI}}$ DCCC XCI pour tout le nombre proposé.

D. Par quels signes pourrait-on représenter les nombres du groupe des millions ?

R. On les écrirait comme des nombres d'unités simples, mais on tirerait deux traits au-dessus.

Exemples : Le nombre 25 040 104 s'écrirait en chiffres romains $\overline{\overline{\text{XXV}}}\,\overline{\text{XL}}\,\text{CIV}$.

L'année 1789, dans laquelle a commencé la révolution française, s'écrit en chiffres romains M DCC LXXXIX.

L'année 1814, qui vit finir l'empire de Napoléon, s'écrit M DCCC XIV.

L'année 1830, qui mit fin à la restauration, s'écrit M DCCC XXX.

L'année 1846 s'écrira M DCCC XLVI.

Les groupes de lettres MM CM LIX représentent 2 959.

Enfin, ces autres groupes $\overline{\overline{\text{X}}}\,\text{CXXV CD LXII}$ représentent 10 125 462.

CALCUL DES UNITÉS DE TEMPS.

1. Les unités de mesure pour le temps étaient et sont encore le *siècle* qui comprend 100 années, l'*année*, la trois cent soixante-cinquième partie de l'année qu'on appelle *jour*, la vingt-quatrième partie du jour nommée *heure*, le soixantième de l'heure nommé *minute*, le soixantième de la minute nommé *seconde*.

Un accent aigu est le signe indicateur de la minute ; deux accents forment celui de la seconde. Les autres unités de temps ont pour indications les premières lettres de leurs noms.

Ex. : Ainsi, le nombre 2^a 24^j 9^h $54'$ $20''$, signifie 2 ans, plus 24 jours, plus 9 heures, plus 54 minutes, plus 20 secondes. Un pareil nombre est dit *complexe*, parce qu'il renferme plusieurs unités non décimales.

2. Pour convertir un nombre d'unités de temps en unités du rang suivant à droite, on multiplie ce nombre par celui qui exprime combien la première unité contient de fois la seconde.

Ex. : $4^h = 60' \times 4 = 240'$; car chaque heure vaut $60'$, et par conséquent, 4^h valent 4 fois $60'$.

3. Pour extraire d'un nombre d'unités de temps les unités du rang précédent à gauche, on divise ce nombre par celui qui exprime combien la première unité est contenue de fois dans la seconde.

Ex. : $245' = \dfrac{245^h}{60} = 4^h\ 5'$; car chaque minute est $\frac{1}{60}$ d'heure, et par conséquent $245'$ forment
$\frac{245}{60}$ d'heure.

4. La conversion d'un nombre complexe
en nombre à deux termes d'une unité indiquée,
consiste à réduire ce nombre complexe en
unités de sa plus petite espèce, et à donner
au résultat, pour dénominateur, le nombre
de fois que l'unité assignée contient la plus
petite.

Ex. : *Convertir* $3^h\ 40''$ *en fraction de jour.*
Réduisant 3^h en secondes, on a
$$3^h = 60' \times 3 = 180' = 60'' \times 180 = 10\,800''.$$
Ajoutant les $40''$, on obtient $3^h\ 40'' = 10\,840''$.
Mais $1'' = \dfrac{1'}{60}$, $1' = \dfrac{1^h}{60}$, $1^h = \dfrac{1^j}{24}$.

Par conséquent, $1'' = \dfrac{1^j}{60 \times 60 \times 24}$, $10\,840''$

$= \dfrac{10\,840^j}{60 \times 60 \times 24}$, et $3^h\ 40'' = \dfrac{10\,840^j}{86\,400}$. Or,

$86\,400$ est évidemment le nombre de fois que le
jour, unité assignée, contient $1''$.

5. La conversion d'un nombre à deux
termes, relatif au temps, en nombre complexe, consiste à diviser le numérateur par le
dénominateur, ce qui donne les plus hautes
unités, à réduire le reste en unités du rang
suivant de droite, afin de pouvoir opérer une
nouvelle division qui donne les unités de ce
rang, et à continuer de faire succéder ainsi
une réduction à une division, une division à

une réduction, jusqu'à ce qu'on ait au quotient la plus petite unité possible. S'il y a un reste alors, le quotient est complété au moyen d'une fraction.

Il peut arriver qu'après une réduction, la division soit impossible. Dans ce cas, on écrit zéro au quotient et l'on procède à une nouvelle réduction.

Ex. : *Convertir* $\dfrac{75\,625^{\text{j}}}{259\,200}$ *en nombre complexe.*

Comme la division est impossible, le quotient n'aura point de jours. Je réduis donc les $75\,625^{\text{j}}$ en heures, et pour cela, au lieu de multiplier par 24, je multiplie d'abord par 4, puis le produit par 6, ce qui donne $1\,815\,000^{\text{h}}$. Ce nombre divisé par $259\,200$ a pour quotient 7^{h}, et il reste 600^{h}. Réduisant ces 600^{h} en minutes (2), on obtient $36\,000'$, dividende plus petit que le diviseur ; il faut donc le réduire en secondes, après avoir écrit $0'$ au quotient. Il en résulte $2\,160\,000''$ qui donnent $8''$ pour quotient, et $86\,400''$ pour reste.

$$
\begin{array}{l}
75\,625^{\text{j}} \\
502500 \\
1815000^{\text{h}} \\
00600 \\
36000' \\
2160000'' \\
86400
\end{array}
\qquad
\begin{array}{|l}
259\,200 \\
\hline
7^{\text{h}}\ 0'\ 8''\ {}^{1}/_{3}
\end{array}
$$

Complétant le quotient par la fraction $\dfrac{86\,400''}{259\,200}$, qui, réduite à sa plus simple expression, devient $\dfrac{1''}{3}$, on obtient enfin $7^{\text{h}}\ 0'\ 8''\ {}^{1}/_{3}$, ou $7^{\text{h}}\ 8''\ {}^{1}/_{3}$, pour valeur de $\dfrac{75\,625^{\text{j}}}{259\,200}$.

6. L'addition des nombres complexes relatifs au temps, et sa preuve se font comme

celles des nombres entiers : les reports ont lieu aussi de la même manière ; mais pour trouver chacun de ces reports, il faut extraire du total fourni par une colonne d'unités de temps, les unités du rang suivant à gauche (3).

PROBL. : Un voyageur a employé 2ʲ 7ʰ 45ˡ pour aller de Paris à Orléans, 1ʲ 6ʰ 37ˡ pour aller d'Orléans à Blois, 1ʲ 2ʰ 28ˡ pour aller de Blois à Tours, et il marchait 12ʰ par jour. Quel temps a-t-il mis dans son voyage de Paris à Tours ?

2ʲ 7ʰ 45ˡ *Solut.* : Additionnant les unités de mi-
1 6 37 nutes, j'en trouve 20 ; je pose donc 0 sous
1 2 28 la colonne de ces unités et je reporte 2 à la
————— colonne de leurs dixaines. Le total de ces
5 4 50 dixaines est 11. Comme il y a 6 dixaines
1 1 20 de minutes dans 1ʰ, je divise 11 par 6, je
pose le reste 5 sous les dixaines de minutes, et je reporte le quotient 1ʰ à la colonne des heures, ce qui donne en tout 16ʰ. Divisant ce total par 12, nombre des heures d'une journée de marche, je pose le reste 4 sous la colonne des heures, et je reporte le quotient 1 jour à la colonne des jours. Comme le total de cette colonne forme alors 5, la réponse à la question est 5ʲ 4ʰ 50ˡ.

7. La soustraction des nombres complexes relatifs au temps, et sa preuve se font comme celles des nombres entiers ; seulement, au lieu d'ajouter une dixaine au chiffre d'en haut, lorsqu'il est moindre que celui d'en bas, on ajoute une unité du rang suivant à gauche, après l'avoir réduite en unités de la colonne sur laquelle on opère, et ensuite, pour ne pas altérer la différence, on ajoute aussi une unité au nombre d'en bas des unités suivantes à gauche.

PROBL. : Un champ a été labouré en 4ʲ 5ʰ 20ʹ, et un autre champ en 2ʲ 9ʰ 45ʹ, la journée de travail étant de 15ʰ. Quel temps le premier a-t-il exigé de plus que le second ?

Solut. : J'ajoute 1ʰ convertie en minutes, aux 20ʹ du plus grand. nombre, ce qui revient à ajouter 6 dixaines de minutes aux 2 dixaines de 20ʹ ; puis je dis : 5 de 10, 5 ; 5 de 8, 3, Ajoutant aussi 1ʰ aux 9ʰ du plus petit nombre, et 1ʲ de 15ʰ aux 5ʰ du plus grand, je dis : 10 de 20, 10. Enfin, j'ajoute 1ʲ aux 2ʲ d'en bas ; je dis : 3 de 4, 1, et j'ai 1ʲ 10ʰ 35ʹ pour l'excès demandé.

4ʲ 5ʰ 20ʹ
2 9 45
———
1 10 35

8. La multiplication dans laquelle l'un des facteurs est un nombre complexe relatif au temps, présente deux cas.

1° Si ce nombre est multiplicande, on le convertit en unités de sa moindre espèce ; la multiplication se trouve alors ramenée à celle de deux nombres incomplexes ; quand elle est terminée, il reste à convertir le produit en nombre complexe, c'est-à-dire à extraire les unités du rang précédent à gauche, puis de celles-ci les suivantes, et ainsi de suite jusqu'aux plus grandes.

2° Si le nombre complexe est multiplicateur, on le convertit en nombre à deux termes qui ait pour unité celle à laquelle se rapporte le multiplicande ; la multiplication se trouve alors ramenée à celle d'un nombre incomplexe par un nombre fractionnaire ou par une fraction, et quand elle est terminée, il reste seulement à exécuter la division qu'indique le produit.

PROBL. I : Quatre charrues pareilles, fonctionnant à la fois, ont labouré une pièce de terre en 2ʲ 6ʰ 42ʹ

et la journée était de 15^h. Combien une seule de ces charrues mettrait-elle de temps pour labourer la même pièce ?

Solut. : Une seule charrue emploierait 4 fois plus de temps que les 4 charrues ensemble. Il faut donc répéter 4 fois 2^j 6^h 42^l ou multiplier ce nombre par 4.

Réduisant les jours en heures (2), on obtient 36^h 42^l qui, réduits en minutes, donnent 2 202^l pour multiplicande incomplexe. Le produit de ce nombre par 4 est 8 808^l. Divisant par 60^l, afin d'extraire les heures (5), on trouve 146^h pour quotient et 48^l pour reste. Divisant 146^h par 15^h, afin d'extraire les jours, on trouve 9^j pour quotient et 11^h pour reste. Conséquemment, une seule charrue emploierait 9^j 11^h 48^l au labourage de la pièce de terre.

$$
\begin{array}{ll}
2^j\ 6^h\ \ 42^l & \\
36^h\ \ 42^l & \\
2\ 202^l & \\
\ \ \ \ \ 4 &
\end{array}
$$

$$
\begin{array}{c|c}
8\ 808^l & 60^l \\
2\ 80 & \\
\ \ 408 & 146^l\ |\ 15^h \\
\ \ \ 48 & \ \ 11\ \ |\ \ 9^j \\
\end{array}
$$

Probl. II : Un tisserand qui fait 0^m,25 de toile par heure, a travaillé pendant 8^j 5^h 40^l et 10^h chaque jour. Quelle est la longueur de la pièce de toile produite ?

Solut. : La longueur est d'autant de fois 0^m,25 qu'il y a d'heures dans 8^j 5^h 40^l. Ce dernier nombre (4) équivaut à 5 140^l ou à $\dfrac{5\,140^h}{60}$.

Il faut donc multiplier 0^m,25 par $\dfrac{5\,140^h}{60}$ ou par $\dfrac{514^h}{6}$. Le produit est $\dfrac{128^m,50}{6}$.

Effectuant la division, on obtient enfin pour réponse 21^m,416, à moins de 0^m,001 près.

$$
\begin{array}{l}
8^j\ 5^h\ 40^l \\
85^h\ 40^l \\
5\,140^l = \dfrac{5\,140^h}{60}.
\end{array}
$$

$$
0^m,25 \times \dfrac{514}{6} = \dfrac{128^m,50}{6} = 21^m,416
$$

9. La division dont les deux termes ne sont pas incomplexes, présente trois cas.

1° Lorsque le dividende seul est un nombre complexe relatif au temps, on le réduit en unités de sa plus petite espèce, pour ramener la division à celle de deux nombres incomplexes, puis on convertit le quotient en nombre complexe, au moyen de l'extraction des unités supérieures.

2° Lorsque le diviseur seul est un nombre complexe relatif au temps, il faut le convertir en nombre à deux termes dont l'unité soit celle à laquelle doit se rapporter le quotient. La division se trouve alors ramenée à celle d'un nombre incomplexe par un nombre fractionnaire ou par une fraction.

3° Quand les deux termes sont des nombres complexes relatifs au temps, il faut les réduire à la même unité et à la plus petite de celles qu'ils contiennent, puis opérer la division sur les deux résultats obtenus.

PROBL. 1: Une charrue a employé 9ʲ 11ʰ 48ᵐ au labourage d'une pièce de terre, et la journée était de 15ʰ. Combien mettront 4 charrues, attelées et conduites comme la première, pour labourer la même pièce ?

Solut.: Les 4 charrues mettront ¼ du temps employé par une seule. On doit donc diviser 9ʲ 11ʰ 48ᵐ par 4. Le dividende réduit en minutes devient 8 808ᵐ ; divisé par 4, il donne 2 202ᵐ, et ce quotient, converti en nombre complexe, se change en 2ʲ 6ʰ 42ᵐ.

$$
\begin{array}{l}
9^{j}\ 11^{h}\ 48^{m} \\
146^{h}\ 48^{m} \\
\quad 8\,808^{m}\ |\ 4 \\
\quad 2\,202^{m}\ |\ 60^{m} \\
\quad\ 402\ |\underline{\qquad}\ |\ 15^{h} \\
\quad\ \ 42\ |\ 36^{h}\ |\underline{\qquad} \\
\quad\ \ \ \ 6\ |\ \ 2^{j}
\end{array}
$$

PROBL. II : Un tisserand, travaillant 10^h par jour, a fait 21^m,416 de toile en 8^j 5^h 40^l. Combien tissait-il de mètres par heure ?

Solut. : Les 21^m,416 doivent être partagés entre les heures que forment 8^j 5^h 40^l. Réduit en minutes, le diviseur devient 5140^l; changé en heures il donne $\dfrac{5140^h}{60}$ ou $\dfrac{514^h}{6}$. Divisant 21^m,416 par $\dfrac{514}{6}$, on obtient $\dfrac{21^m,416 \times 6}{514} = \dfrac{128^m,496}{514}$

$= 0^m,2499$ ou $0^m,25$ pour la réponse.

$$8^j\ 5^h\ 40^l$$
$$85^h\ 40^l$$
$$5140^l$$

$$\frac{5140^h}{60} = \frac{514^h}{6}$$

$$21^m,416 : \frac{514}{6}$$

128^m,496	514
25 69	
5 156	0,2499
5100	
474	

PROBL. III : Un ouvrier qui fait 1^m d'un certain ouvrage en 2^h 12^l, a travaillé pendant 5^j 8^h et 12^h par jour. Combien a-t-il fait de mètres ?

Solut. : Il a fait autant de mètres qu'il y a de fois 2^h 12^l dans 5^j 8^h. Ce dernier nombre doit donc être divisé par le premier. La moindre des unités qu'ils contiennent est la minute; 5^j 8^h = 2640^l; 2^h 12^l = 132^l, et la question est ramenée à celle-ci : un ouvrier fait 1^m d'un certain ouvrage en 132^l; combien de mètres a-t-il exécutés en 2640^l. Or, le quotient de 2640 divisé par 132 est 20. La réponse est donc 20^m.

$$5^j\ 8^h$$
$$44^h$$
$$2640^l$$
$$2^h\ 12^l$$
$$132^l$$

2640^l	132^l
00	20^m

10. La multiplication et la division des nombres complexes se ramenant à celles des nombres incomplexes, ont les mêmes preuves que ces dernières.

TABLE DES MATIÈRES.

FIN DE LA TABLE.

www.ingramcontent.com/pod-product-compliance
Lightning Source LLC
Chambersburg PA
CBHW030314220326
41519CB00068B/2817